国家高技术研究发展计划资助项目(863计划)(2012AA062101)
国家自然科学基金面上项目(51374200)
江苏省高校优势学科建设工程项目(PAPD)
江苏高校品牌专业建设工程资助项目(PPZY2015A046)

薄及中厚急倾斜煤层

长壁综采覆岩运动规律与控制机理研究

屠洪盛　屠世浩　袁永　著

中国矿业大学出版社

内 容 简 介

本书主要内容包括急倾斜煤层开采相似模拟实验系统研制、急倾斜煤层综采覆岩运移规律研究、急倾斜煤层综采覆岩结构稳定性与支架承载特征研究、急倾斜工作面区段煤柱合理留设尺寸及其失稳致灾机理研究、急倾斜长壁综采工作面设备稳定控制及安全保障技术。本书所述研究内容具有前瞻性、先进性和实用性。

本书可供采矿工程及相关专业的科研及工程技术人员参考。

图书在版编目(CIP)数据

薄及中厚急倾斜煤层长壁综采覆岩运动规律与控制机理研究/屠洪盛,屠世浩,袁永著. —徐州:中国矿业大学出版社,2017.10

ISBN 978-7-5646-3142-0

Ⅰ.①薄… Ⅱ.①屠… ②屠… ③袁… Ⅲ.①急倾斜煤层—煤矿开采—研究 Ⅳ.①TD823.21

中国版本图书馆CIP数据核字(2016)第136587号

书　　名 薄及中厚急倾斜煤层长壁综采覆岩运动规律与控制机理研究
著　　者 屠洪盛　屠世浩　袁　永
责任编辑 王美柱
责任校对 周　红
出版发行 中国矿业大学出版社有限责任公司
(江苏省徐州市解放南路　邮编 221008)
营销热线 (0516)83885307　83884995
出版服务 (0516)83885767　83884920
网　　址 http://www.cumtp.com　**E-mail**:cumtpvip@cumtp.com
印　　刷 江苏淮阴新华印刷厂
开　　本 880×1230　1/32　**印张** 6.125　**字数** 171千字
版次印次 2017年10月第1版　2017年10月第1次印刷
定　　价 35.00元

前　言

急倾斜煤层是指赋存倾角大于45°的煤层，此类煤层的安全高效机械化开采是一个世界性难题。在我国急倾斜煤层的储量大约占煤炭总储量的17%，急倾斜煤层总储量中有62%分布于我国北方，38%分布在南方。据统计，在我国626处国有重点煤矿和地方煤矿中，开采急倾斜煤层的矿井有103处，占16.5%。随着我国煤炭高强度开采，我国东部矿井中赋存条件较好的浅部煤层储量逐渐枯竭，使急倾斜煤层及深部难采煤层开采问题迅速进入了人们的视野，引起了人们的高度重视，如山东兖州矿区、河北邢台和开滦矿区、安徽淮南矿区、江苏徐州矿区等；我国西部矿区50%以上矿井开采的是急倾斜煤层，如主要产煤省（区）贵州、四川、重庆、云南、新疆、甘肃、宁夏等。

对于不同厚度的急倾斜煤层，其开采的方法并不相同，工作面存在的主要问题与难点也不相同。对于厚及特厚急倾斜煤层，可采用倾斜分层或斜切分层方法开采，工作面比较平缓，不存在设备下滑和倾倒问题，综采开采技术较为成熟；对于薄及中厚急倾斜煤层，由于工作面只能沿煤层层面布置，倾角大，受工作面采煤设备歪斜、倒架、下滑等问题限制，我国现阶段对此类急倾斜煤层开采采用综采开采的较少，主要采用炮采，以单体支柱或柔性掩护支架支护，机械化程度低、工人劳动强度大、支护系统不能有效封闭作业空间、稳定性差，工作面的安全可靠性低、产量低。

针对薄及中厚急倾斜煤层长壁综采工作面角度大、设备稳定性差、工作人员安全保障程度低问题，综合采用现场调研、理论分析、相似模拟、数值模拟、现场实测等研究方法，对急倾斜煤层开采相似实验平台、覆岩运动规律及工作面围岩、设备稳定控制机理等进行了系统研究，主要研究成果有：① 自主研制了以模型架、旋转系统、承载系统、控制系统和加载系统为主体结构的可旋转急倾斜相似模拟实验系统及可移动水压伺服加载系统，具有能够智能控制模型旋转参数的优点，克服了急倾斜煤层相似模型难以铺设的技术难题，提高了实验数据的可靠性，得出了不同旋转倾角下不同层位煤岩层铺设所需相似材料质量的计算方法，开发了相似模拟配比计算软件，实现了模型架安全旋转及精确跟踪给定压力、均布加载。② 理论分析、数值模拟和相似模拟共同揭示了急倾斜工作面煤岩体的非对称性受力和采空区非对称性矸石充填与压实特征，得到了直接顶“耳朵”形承载壳体与基本顶破断的倾斜“砌体梁”结构，研究了覆岩结构失稳方式、覆岩受力变形与工作面开采参数之间的相互影响关系、支架—围岩承载特征，确定了急倾斜工作面支架工作阻力、采空区矸石充填带宽度的计算方法，结合急倾斜工作面矿压显现规律验证了其正确性。③ 建立了急倾斜工作面区段煤柱受力模型，得到了区段煤柱的局部片落—整体滑落失稳方式，即：煤柱下端的塑性破坏区先沿倾斜方向向下片落，直至煤柱尺寸不足以支撑上覆岩层时将发生整体滑落。基于急倾斜煤层区段煤柱受力破坏特征，分析了区段煤柱留设尺寸与工作面开采参数的关系，确定了区段煤柱合理尺寸留设方法，揭示了区段煤柱失稳、工作面煤壁片帮、回采巷道变形以及工作面上覆顶板大面积破断的联动失稳机制。④ 构建了以固定下端头支架组、锚固刮板输送机机尾、分组间隔移架等技术措施为主，支架与刮板输送机铰接连接，以支架为着力点、刮板输送机为连接件、机体相互依托的工作面“三机”动态稳定控制技术体系，确定了急倾斜工作面仰伪斜布置参数，制定了急倾斜工作面煤壁片帮、巷道围岩控制方法，研究了工作面机道人行道挡矸方法，机道人行道隔离方法，确保了急倾斜综采工作面设备稳定与人员安全。

课题组王方田副教授、张磊副教授、白庆升讲师、卜永强老师参与了部分研究；博士研究生张村、朱德福、郝定溢，硕士研究生宋启、张艳伟、魏帅锋、魏坤、冯星、魏陆海、李向阳、马行生、邬雨泽、杨振乾、刘志恒、陈忠顺、张新旺、魏宏民、刘汉祥、孟朝贵、袁超峰、梁宁宁、赵滨、李岗、叶志伟等参与了部分研究的试验及现场实测工作，在此表示感谢。同时，本书的研究工作得到了龙煤集团七台河分公司领导、新铁煤矿相关技术人员的帮助，在此一并表示感谢！

本书的出版还得到了如下资助：国家高技术研究发展计划资助项目（863计划）（2012AA062101）、国家自然科学基金面上项目（51374200）、江苏省高校优势学科建设工程项目（PADD）、江苏高校品牌专业建设工程资助项目“采矿工程品牌专业建设”（PPZY2015A046）。

由于笔者水平所限，书中难免存在疏漏和欠妥之处，敬请读者不吝批评和赐教。

著　者

2017年8月

目　录

1 绪 论

1.1 研究背景及意义

急倾斜煤层是指赋存倾角大于 45°的煤层，此类煤层的安全高效机械化开采是一个世界性难题。我国急倾斜煤层的储量大约占煤炭总储量的 17%，而其年产量仅占全国煤炭总产量的 3.88%[1,2]。据统计，中国 626 处国有重点煤矿和地方煤矿中，开采急倾斜煤层的矿井有 103 处[3]，占 16.5%。

近年来随着矿井开采强度的增加，导致优质煤炭资源迅速枯竭，为保证矿井的可持续发展，许多矿区不得不考虑急倾斜煤层开采，如山东兖州、河北邢台和开滦、安徽淮南、江苏徐州、贵州、四川、重庆、云南、新疆、甘肃、宁夏等矿区[4-11]。此外，由于西部矿区经济发展相对比较滞后，煤炭资源的开采已经是其经济来源的重要组成部分，据统计，西部矿区 50%以上矿井开采的是急倾斜煤层，而急倾斜煤层开采的资源回收率不足 30%[12]。由于缺少急倾斜煤层开采覆岩运动规律及合理开采方法等相关理论的支持，工作面围岩控制困难，安全状况差，劳动强度大，推进速度慢。因此，解决急倾斜煤层开采的技术难题对保证中东部矿井的可持续发展、实现西部矿区的经济跨越式发展具有重要意义。

急倾斜煤层厚度不同，煤层开采的方法不同，工作面存在的主要问题与难点也不相同。对于薄及中厚急倾斜煤层由于工作面只能沿煤层层面布置，倾角大，受工作面采煤设备歪斜、倒架、下滑等问题限制，我国现阶段对此类急倾斜煤层开采采用综采开采的较少，主要采用炮采，以单体支柱或柔性掩护支架支护，机械化程度低、工人劳动强度大、支护系统不能有效封闭作业空间、稳定性差，工作面的安全可靠性低、产量低；对于厚及特厚急倾斜煤层可采用倾斜分层或斜切分层方法开采，工作面比较平缓，不存在设备下滑和倾倒问题，综采开采技术较为成熟。因此，迫切需要探索、研究薄及中厚急倾斜煤层的安全、高效、综合机械化开采技术。

研究表明，薄及中厚急倾斜煤层综采主要存在以下几点难题：

（1）急倾斜煤层工作面上部的垮落煤矸石会向采空区下部滑落，对工作面下部采空区进行充填，引起工作面下部覆岩变形破坏范围小、工作面上部覆岩变形破坏范围大，在沿煤层倾斜方向的采空区形成矸石的充填、滑空特征，造成急倾斜工作面、回采巷道的矿压显现呈非对称性特征[13,14]，围岩控制困难。

（2）急倾斜煤层工作面上部冒空范围或采动裂隙发育范围可能波及上巷及区段煤柱，造成上巷及区段煤柱稳定控制困难，区段煤柱失稳会将上区段采空区和本工作面导通，上区段采空区破碎岩体、水、瓦斯等有毒有害气体溃入本工作面，此外，煤柱失稳后煤柱承受的支承压力会迅速转移到工作面煤壁和支架上，造成片帮严重、支架压死、巷道围岩控制困难，同时，产生的大量滑落煤岩体会推垮工作面综采设备，给工作面造成灾害。

（3）急倾斜煤层工作面顶板受到平行层面的分力要大于垂直层面的分力，因此工作面综采设备主要受到平行层面的倾斜推力作用，设备稳定控制困难，此外，由于工作面上部顶板冒落空间大、支架接顶程度低，上部煤岩体受力大、破碎程度高，基本顶在采空区后方得不到垮落矸石的支撑，造成上部顶板运动剧烈，控制困难。

（4）工作面割落或片帮产生的煤体、冒顶产生的矸石会沿工作面倾斜方向加速向下滑落，砸伤工作面工作人员、损坏设备，同时，大量煤体整体下滑后会冲坏或堵塞工作面下出口，影响工作面正常生产。

(5) 随着煤层倾角的增大，急倾斜工作面底板会破断失稳，断裂的底板也可能向采空区下部滑移，给工作面带来灾害。

(6) 工作面设备下滑严重，人员行走困难，攀爬过程中没有可靠的着力点。

以上是薄及中厚急倾斜煤层长壁综采工作面开采过程存在的主要难题，是制约薄及中厚急倾斜煤层长壁综采技术发展的根本因素。因此，为实现此类煤层的安全高效开采，迫切需要对薄及中厚急倾斜煤层长壁综采工作面覆岩运动规律及其控制机理进行系统的研究。

本书以薄及中厚急倾斜煤层地质赋存条件为基础，对该类煤层开采引起的覆岩受力、变形、结构失稳方式、裂隙演化规律、矿压显现规律、工作面的合理布置方式、区段煤柱变形破坏机理及合理留设方法、支架工作阻力的计算方法、围岩和设备的稳定控制技术等进行研究，并以七台河矿区典型的薄及中厚急倾斜煤层长壁综采工作面煤岩地质开采条件为例进行应用研究，为薄及中厚急倾斜煤层安全高效机械化开采提供理论依据。

1.2 国内外研究现状

1.2.1 急倾斜煤层综采开采研究

国外开展急倾斜煤层综合机械化开采技术方面研究的国家主要有前苏联、法国、德国、英国、印度等。早在 20 世纪 70 年代，前苏联就在急倾斜煤层开采方面进行了一定规模的试验和研究，研制了适合急倾斜和大倾角煤层综采的各类液压支架和采煤机[15-18]，并在此基础上对大倾角特别是 45°以上的急倾斜煤层开采工艺及采场围岩控制进行了较系统的研究，此研究为前苏联急倾斜煤层综采开采奠定了理论基础。此外，煤炭工业出版社 1956 年出版的《库兹巴斯急倾斜厚煤层充填开采法》一书详细地介绍了急倾斜厚煤层的各种采煤方法、巷道布置方式、工作面配套装备、不同采煤方法适用的煤层地质赋存条件以及煤层开采之后利用充填法减小采空区岩层移动变形的回采工艺[19]。

乌克兰顿涅茨煤矿机械设计院自1986年开始为顿巴斯的龙恩—亚卡矿井和奥尔忠尼基煤管局所属的叶娜基也夫卡娅煤矿设计了大倾角和急倾斜煤层采煤机及其相配套的支护设备并装备54个综采工作面,为了保证采煤机在大倾角和急倾斜煤层工作面上行时牵引部所必须具有的牵引力,在工作面巷道(上部的回风巷)装备了绞车并将采煤机牵引部连接到绞车系统上。龙恩—亚卡矿开采试验期间,最高月产量17 010 t,平均月产量12 763 t。统计显示,1993年乌克兰的煤炭产量中倾角大于35°煤层的产量为849.9万t(其中,224.5万t为综采,77.2万t为普采,非机械化开采的产量约占64.5%),占煤炭总产量的3%～4%[20-22]。

在法国洛林矿区,西蒙矿井采用SAGEM公司生产的DGT型双滚筒采煤机(功率2×250 kW,适用煤层倾角达35°以上,最大采高3.22 m,滚筒直径1.65 m,截深0.825 m,采用埋伏链牵引,液压马达的牵引力为440 kN,牵引速度0～5 m/min,采煤机操纵方式为随机遥控,最大距离10 m);刮板输送机为2×160 kW双中心链DMKF3型;工作面液压支架为MFI公司生产的4×115 t支撑掩护式自移支架(最大高度3.48 m,最低高度1.5 m,宽1.5 m,支护强度650～800 kN/m²)。支架装备有输送机防滑千斤顶并具有完善的洒水系统,保证在降柱移架过程中的降尘。同时,在工作面上巷设有防滑绞车用以作为采煤机防滑的辅助手段,除此之外,在输送机上每隔10节刮板设置1个专用千斤顶与支架连接,防止输送机下滑(一旦发现输送机出现下滑现象,立即调整工作面使之处于仰伪斜状态),采用上述设备和方法,获得了良好的经济效益。洛林矿区东部的沃斯特矿井利用急倾斜煤层专用的两台ANF采煤机和两台DMKF3刮板输送机,采用水砂充填系统(工作面水平布置、上行开采)开采了该矿区倾角为15°～90°的两个相互平行的背斜煤层。开采过程中综采工作面管理的特点是,将5.0 m长的木支柱锚固在煤层顶板围岩上，防止顶板垮落，然后，将拱形钢梁的一头搭在被锚固的木柱上，另一端同一块厚木板一起楔紧在工作面另一侧煤层底板上，当采煤机割煤时取下拱形钢梁，采煤机通过后将钢梁马上支设在采后的新水平顶煤上。一般情况下，每台采煤机每班推进 5.0 m，整个工作面日产 420 t，工作面平均工效为 15.5 t/工。实践证明，该方法开采急倾斜煤层是可行的，其工效达到了长壁工作面的水平，但工作面单产远远低于长壁面的平均值；除此之外，洛林矿区还试验研究了使用伪倾斜布置工作面（伪倾斜角度为 20°）的方法，利用 TSA 型迈步支架配合工作面防滑防倒装置及措施开采了倾角 30°～60°的煤层[21]。

德国将赫姆夏特液压支架（设计用于缓倾斜煤层）进行改装并与曼斯菲尔德支架（可用于倾角 70°以上的急倾斜煤层）或威斯特伐里亚支架结合辅助防滑、防倒技术（如支架节间距离为 0.75 m 并用专用锁头连接，节间靠采空区侧装有挡矸充气包；整个工作面支架利用三条钢带固定在回风巷内巨大的工字钢梁上，支架用柔性悬吊钢丝绳连接成整体等）来开采急倾斜煤层；1992 年在鲁尔矿区的威斯特豪尔特矿，采用 G9—38Ve4.6 加高型滑行式刨煤机配合 WSI.7 型宽体双伸缩两柱掩护式液压支架（支架宽度 1.75 m，支撑高度 1.8～3.6 m，质量 15.8 t，工作阻力 2×2 200 kN，装有 M3 型电液控制系统）开采了鲁尔矿区 18°～45°（煤层倾角变化极大，局部倾角可达 45°）的煤层。工作面平均日推进 4.5 m，平均日产量 3 000 t[20]。

英国使用多布逊支架（适应煤层倾角 25°～45°，支架之间装有与相邻支架底座互相铰接的弹性伸缩连接件，用于支架的防滑、防倒）和伽里克支撑式支架（适应煤层倾角小于 40°，每节支架上有 5 根立柱，同时，为获得较大的稳定性，支架采用了较矮的伸缩式底座。该支架在工作性能方面的最大特点是轻型的顶梁结构可以延缓支架的卸载过程），对 35°～45°的大倾角煤层进行了开采，取得了一定的技术与经济效果[20]。

印度以其东北部煤田为基地，研究了应用于急倾斜和大倾角煤层的柔性支架采煤法、巷柱充填采煤法、掩护支架采煤法、综采及其配套设备[23-25]。

西班牙在帕里奥和圣安托尼奥煤田的HUNOSA矿井使用机械化装备开采了倾角大于40°的煤层[26]。

近年来，随着经济的飞速发展，国外的主要产煤国家对煤炭资源的依赖程度逐渐降低，有些国家目前只开采一些地质条件赋存较为简单的煤层，也有些国家已经关闭了所有的煤矿，如英国、法国和日本等。经过煤矿企业和科研单位的不懈努力，结合急倾斜煤层的各种采煤方法的重大改革，国内少数矿井已经试验并成功应用急倾斜煤层长壁综合机械化开采技术，填补了急倾斜煤层长壁综采的空白。国内在急倾斜煤层开采方法的演变方面主要体现在以下几个阶段。

20世纪50～60年代，我国的急倾斜煤层开采主要进行了采煤方法的改革。各矿区根据急倾斜煤层的实际赋存条件，主要应用的采煤方法有倒台阶采煤法、水平分层一次采全高和水平分层放顶煤采煤法、巷道放顶煤采煤法以及掩护支架采煤法等。这些采煤方法大部分采用风镐落煤、单体液压支柱支护、刮板输送机运煤，垮落法处理采空区，虽然工作面机械化程度比炮采工作面有所提高，但单体支柱支护系统稳定性差，支柱失稳极易引起工作面冒顶，进而引发工作面顶板大面积垮落，形成灾害性事故[27,28]。

20世纪60年代～70年代中期，急倾斜煤层开采方法技术革新的重点主要体现在掩护支架结构的合理设计与工作面回采巷道的合理布置方面。为推广应用掩护支架、扩大掩护支架对不同赋存条件煤层的适应能力，徐州、淮南、开滦等矿区先后在急倾斜工作面成功研制并应用了“八”字形掩护支架，改善了原有支架设计的不足，取得了较好的经济效果。此外，一些主采急倾斜煤层的矿区还对急倾斜煤层的开拓和准备巷道的布置方式进行了研究，降低了急倾斜煤层开采岩巷掘进率，改善了巷道围岩作用关系，降低了巷道维护成本。同时，在急倾斜煤层工作面开采工艺方面也进行了革新，工作面开始使用金属支柱和铰接顶梁进行支护，急倾斜特厚煤层的水平分层开采工作面开始使用金属网、竹笆、荆笆等铺设人工假顶，为下分层开采创造条件[27]。

20 世纪 70 年代后期～80 年代后期，主要是在急倾斜煤层综采工作面进行了采煤工艺的试验[29-33]。为提高急倾斜工作面的综合机械化程度，部分矿区（如鸡西）研究并试验了急倾斜煤层滚筒采煤机采煤工艺，四川攀枝花矿区根据急倾斜工作面割落煤炭能够自溜的特征，结合急倾斜薄煤层开采条件研究并试验了急倾斜工作面刨运机综采，淮南、开滦矿区研究并试验了配合掩护支架使用的地沟落煤机。此外，在南桐矿区、四川的部分矿区还对急倾斜煤层工作面综合机械化开采进行了研究，但综采试验的成功率并不高，推广应用的则更少[27]。

自 20 世纪 80 年代开始，倾斜煤层机械化装备和急倾斜煤层综合机械化装备的研制引起了人们的高度重视。最具代表性的是“大倾角煤层开采成套设备的研制”被列为国家“七五”期间重点科技攻关项目，由沈阳矿务局红菱煤矿与煤炭科学研究总院共同承担，最终研制了 ZYJ3200/14/32G 型液压支架和 ZYS9600/14/32（QYS9600/14/30）型组合式液压支架、MG200—QW 型采煤机、SGBQ—764/160W 型刮板输送机，在煤层倾角为 35°～55°的大倾角和急倾斜工作面进行了工业性试验，填补了国内急倾斜煤层综采的空白[34,35]。

四川广能集团绿水洞煤业公司在 5654 急倾斜工作面采用广能集团自主研制的 ZJ3600/15/36 型支撑掩护式液压支架，MG250/620—QWD 型采煤机，SGB730/60 型刮板输送机，对煤层倾角为 58°的急倾斜煤层进行了成功开采，工作面采用两采一准方式，日产 1 800～2 500 t，月产 4 万～6 万 t，取得了较好的技术经济效益[36-38]。

淮南矿务局针对潘北矿 1121(3)工作面煤层倾角 28°～42°，平均倾角 33°，煤层上方存在 0.4 m 的碳质泥岩伪顶，极易垮落，煤层瓦斯含量高，煤及顶板较软的典型“三软”地质赋存条件，采用郑州煤机厂生产的 ZZ6400/22/45 型支撑掩护式支架，西安煤机厂生产的 MG500/1130—WD 型采煤机，SGZ800/1050 型刮板输送机，工作面开采 11 个月安全采出煤炭 54 万 t,创造经济效益 2 亿多元[39-41]。

天地科技股份有限公司开采设计事业部采矿所与攀枝花煤业集团公司技术人员在借鉴前人已有成功经验的基础上,研制出了急倾斜煤层开采刨运机组,该综采机组由液压支架、刨运机、液压与电气控制系统及辅助系统构成。采用刨运机开采急倾斜薄煤层时工作面落煤期间无需司机跟机作业,且根据急倾斜煤层的赋存特点,刨运机梁既能做刨头的承载体,又能做移架横梁,省去了刮板输送机,同时,在刨运机落煤期间采用电液控制,落煤期间工作面内无操作人员,为实现智能化急倾斜薄煤层无人工作面开采打下基础[42-45]。攀枝花煤业公司太平煤矿 25113 工作面煤层倾角 65°～69°,平均 67°,煤层厚度变化不大,平均 1.2 m,含泥质粉砂岩夹矸 1～2 层,夹矸厚度平均 0.15 m,工作面采用 JBB—1 型刨运机组,ZYX2400/07/17 型掩护式液压支架,工作面月产量 1.7 万 t,年产量 20.4 万 t,工效15.27 t/工[46]。

华蓥山广能集团有限责任公司为了实现急倾斜煤层安全高效开采,改善井下工人的劳动环境,提高煤炭采出率,经过 8 年的不懈努力在全国率先攻克了急倾斜煤层综采关键技术难题,研制出了急倾斜煤层综采工作面 ZJ3600/13/3 型液压支架和 ZTHJ11400/15/23 型端头支架,最大能适应 60°倾角的煤层开采,配合 MG250/620—QWD 型采煤机和 SGB—730/320(160)型刮板输送机,工作面最低月产 40 001 t,最高月产达 58 047 t,平均月产 48 214 t,经济效益非常显著[47-50]。

甘肃靖远煤业有限责任公司王家山煤矿 44407 急倾斜工作面回采巷道沿煤层底板布置时,由于设备沿工作面倾向分力较大,刮板输送机机头和转载机直接搭接造成工作面液压支架和端头支架间的相互挤咬严重,工作面推进过程中移架、调架困难,下端头顶部三角煤稳定控制困难,研究将回采巷道沿煤层顶板布置,运输巷道与工作面之间采用渐变过渡方式,下端头三角煤稳定性得以控制,渐变过渡方式在一定程度上限制了刮板输送机的下滑。44407 工作面煤层倾角

45°～72°，选用 ZFQ3600/16/28 型液压支架、MG200/500—QWD 型双滚筒采煤机、SGZ730/160 型刮板输送机，采空区顶板采用黄泥灌浆处理，工作面最高单产达到 6.01 万 t/月，回采工效 31.74 t/工，煤炭采出率 81.4%，比原来水平分段放顶煤开采工作面单产提高了 3 倍，回采工效提高了 5 倍[51]。

北京木城涧煤矿针对 1401 工作面回采过程中经常出现工作面倾斜长度突然变长或变短、工作面增减支架困难、上隅角不通畅瓦斯积聚严重等难题，研究采用跨区刷帮推采开采方式。1401 工作面煤层倾角 30°～52°，平均倾角 41°，选用 MG250/600—AWD1 型交流变频采煤机，ZJ3600/13/31 型支撑掩护式液压支架，ZTHJ11400/1515/2415 型横式端头液压支架，SGZ730/2×160 型刮板输送机[52]。此外，木城涧煤矿针对急倾斜薄煤层群联合开采的技术难题，研究并设计了适合薄煤层群联合开采的柔性掩护支架，合理确定了采煤工艺，工作面月产量 3.5 万 t，取得了较好的开采效果[53]。

新矿集团苇湖梁煤矿由于 B_{1+2} 急倾斜放顶煤工作面顶煤厚度大，单独利用支架的反复支撑作用很难将顶煤充分松动，影响煤炭采出率的同时由于顶煤的悬而不冒给工作面安全生产造成威胁，研究了工作面煤体的超前松动预裂爆破技术，提高了顶煤的冒放性。同时，为提高工作面端头顶煤的采出率，在工作面两端头布置 2 架 ZFB4000/20/28 型放顶煤过渡液压支架，提高煤炭回收率的同时提高了端头的安全系数，为工作面放煤赢取了更多的等待时间。工作面回采率由 66% 上升到 85%，回采工效由 15.4 t/工上升到 27 t/工[54、55]。

综上国内外急倾斜煤层综采开采现状可知急倾斜煤层工作面开采主要存在如下问题：① 工作面综合机械化程度低；② 工作面单产低，推进速度慢；③ 能够成功推广应用的综采开采技术匮乏。因此，需进一步研究急倾斜煤层综采开采技术，为推广应用急倾斜工作面综采技术、提高工作面产量提供基础。

1.2.2 急倾斜工作面覆岩运动研究

国外主要产煤国家由于对煤炭能源的依赖程度并不高，当前主要以开采条件优越的煤炭资源为主。开采过急倾斜煤层的国家相对较少，且主要从事急倾斜煤层机械化采煤装备的研究，对急倾斜煤层采场覆岩运动规律研究甚少，从现有文献资料看主要有：前苏联的库拉科夫（Ц. И. Кпыакоц）早期研究了急倾斜煤层工作面开采引起的矿山压力显现规律[56]，但没有客观地从覆岩运动机理上去解释急倾斜工作面矿压显现原因；捷克共和国的鲍迪（J. Bodi）探讨了较坚硬急倾斜煤层无人开采技术及其围岩稳定的安全控制问题[22,57]。此外，由煤炭工业出版社 1952 年编译的《顿巴斯急倾斜煤层的顶板管理法》一书研究了急倾斜工作面采场支架围岩关系，介绍了不同顶底板条件下合理的顶板管理支护设计[58]。总体上来看，国外对急倾斜煤层开采采动覆岩运动的理论研究并不多，值得借鉴的地方也不是很多。

我国学者对急倾斜煤层开采覆岩运动规律及工作面矿压显现规律做了大量的研究[59-64]，得出了急倾斜工作面覆岩运动主要呈现出如下几点特征[65-70]：① 急倾斜工作面沿倾斜方向的采动应力呈非对称性分布；② 当煤层倾角大于 35°时，工作面上部顶板垮落的破碎矸石会向下滑动或滚动，沿采空区倾斜方向形成不同压实程度的矸石充填带，形成采空区上部垮落下部充填的非对称性特征，当煤层倾角达到一定程度时工作面底板也有可能向下滑移；③ 急倾斜工作面顶板来压体现为工作面中上部来压强度和动载系数较大，工作面下部较缓和。

伍永平教授等[71,72]通过理论分析、实验室实验、数值仿真与工程实践等方法对急倾斜煤层采动围岩破断特征及结构稳定条件进行了深入研究，得出急倾斜采场围岩受力呈非对称性分布，上覆岩层破断后易于形成倾向堆砌和反倾向堆砌结构，两种破断岩层结构均存在于工作面基本顶及其上覆岩层中，且工作面下部的上覆岩层以倾向堆砌结构为主。根据采空区垮落矸石的充填压实程度不同，沿倾斜方向不同区域内覆岩的破断形式不同。急倾斜工作面采动覆岩的三维采场空间存在“似壳”结构，此结构沿工作面不同方向的切割包络线可以用一条非线性的二次函数表示，包络线的形状、大小等与煤层倾角、工作面采高、长度以及顶板岩层的力学参数等有关，该“似壳”结构的稳定与否是决定工作面支架—围岩稳定的重要因素。

高明中教授等[73,74]对厚冲积层条件下急倾斜煤层群重复采动时引起的覆岩运移规律进行了研究，结果表明，急倾斜煤层开采时由于岩层沿倾向的分力大于垂直层面方向的分力，岩层沿垂直层面的作用力减小，采场上方垮落带的形成时间比缓倾斜煤层开采相对要滞后，顶板垮落后会向采空区下部滚动充填形成不对称的垮落拱结构，裂缝带的形成特征与垮落带相似，且两者之间密切相关。此外，通过对急倾斜煤层的不同开采方案进行实验研究，得出采区内工作面间采用顺序开采时工作面间的相互影响较小，有利于采场围岩稳定、巷道维护容易、地表受采动影响小，同时，地面表土层处的水平位移呈现“指向异化”(水平位移方向背向上山方向)，而基岩与表土层处的水平位移呈现“指向同化”(水平位移方向指向上山方向)，揭示了厚冲积层条件下急倾斜煤层重复采动的地表移动规律及相关参数。

王明立等[75-77]对急倾斜煤层开采工作面顶板和底板岩层的破坏机理进行了探讨研究，提出了急倾斜煤层开采的“楔形破坏区”模型，在“楔形破坏区”内岩层因弯曲变形以拉伸破断为主，岩层的破断移动具有不连续性；在“楔形破坏区”上方采场覆岩所受的切向应力成为影响顶底板破断的主要因素，岩层的变形以滑移变形为主，具有整体性移动特征，采空区上山方向顶板岩层的破坏程度和变形均大于采空区下山方向。在考虑顶板岩层所受切向分力的条件下，利用能量理论分析得到了顶板岩层的变形挠度和破坏滑移方程，揭示了急倾斜上覆岩层的弯曲变形和滑动变形共同作用机制，在此基础上分析了“楔形破坏区”与上覆岩层移动变形的空间关系。随着煤层倾角的增大，采动影响下垂直应力变化范围变小、上覆岩层的破坏区向采空区上部转移,工作面底板岩层的破坏深度和范围随着倾角的增大而增加,确定了底板岩层的变形与岩层厚度、强度、工作面长度等参数之间的量化关系。

来兴平教授等[78-81]认为,急倾斜综放工作面采场可简化为与采空区尺度相当的活化断层,采动影响区内的顶煤在不同区域因受到不同程度的剪切力影响而产生滑移,顶煤的坍塌失稳极易造成顶板的动力学失稳。以急倾斜综放工作面为研究对象,为分析急倾斜煤层综放开采采场覆岩垮落规律,利用 2D-BLOCK 数值追踪模拟软件研究急倾斜煤层综放开采上覆岩层的坍塌规律,结果表明,顶板坍塌后易在地表形成“V”字形冒落坑,在采空区上部形成倒楔形的整体离层区,邻近采空区有毒、有害气体等可通过此区域溃入采煤工作面,工作面垮落顶煤的充填区极易形成临时不稳定的铰接拱,随着工作面的推进很容易产生二次坍塌,应予以重视。

黄庆享教授等[82-85]根据急倾斜长壁综放工作面开采的相似材料模拟分析,指出急倾斜煤层长壁综放开采后上覆岩层具有如下运移特征:工作面上覆岩层在采动影响下经历了变形移动后,沿推进方向和倾斜方向都能够形成铰接结构。顶板的初次和周期垮落都位于工作面中上部,且初次垮落岩体呈椭球体形状,周期性垮落呈现弧形岩条特征,顶板的最大垮落变形点距工作面上端头的距离为工作面斜长的三分之一,工作面上部垮落的顶板会向采空区下部滚动对其进行充填,充填后抑制采场下部顶板的运移,下部顶板受到垮落岩体和侧方煤壁的支撑作用稳定后可阻止上部破断岩体的进一步下滑。随着开采范围和煤层倾角的增大,上部岩层的垮落范围可能超出工作面上部的开采边界。揭示了急倾斜综放开采上覆岩层结构的破断垮落及其稳定机理。

鞠文君等[86-88]通过对急倾斜特厚煤层坚硬顶板分层开采采场覆岩破断特征研究,确定工作面直接顶断裂后主要呈现向采空区下部下滑特征,基本顶岩层断裂后先向采空区方向移动后随采空区整体滑移,工作面后方的采空区形成冒落的塌陷漏斗,随着工作面的推进向前移动。结合基本顶的破断特点建立了沿倾斜方向断裂的悬臂梁力学模型，分析得出悬臂梁断裂后释放的能量与上覆作用载荷的平方以及悬臂梁长度的五次方呈正比，改善顶板围岩受力状态、降低悬臂梁的悬顶长度是降低工作面来压强度的有效途径。

尹光志教授等[89,90]根据弹性薄板理论，将急倾斜工作面顶板上覆岩层简化为弹性薄板，根据急倾斜煤层开采顶板岩层同时受到垂直层面的法向载荷和平行层面的切向载荷的双向受力特征，建立了顶板受力模型，分析得到工作面顶板的最大变形挠度方程及最大挠度点出现的位置。

王宏图、胡国忠等[91-93]以急倾斜煤层作为保护层开采为研究对象，研究急倾斜煤层分别作为上保护层和下保护层开采时卸压范围及被保护层的卸压效果。研究表明，上保护层开采时被保护层的弹性能降低，最大主应力呈“驼峰”形变化，其变化可以分为：应力集中、应力降低、应力降低稳定、应力降低和应力集中五个阶段，被保护层的中部卸压效果最好，膨胀变形最大，确定了沿煤层倾向和走向被保护层的保护范围；下保护层开采时在上覆岩层中形成一个近似椭圆形的卸压圈，卸压效果最好的区域位于椭圆形卸压圈的中心，由椭圆中心向椭圆边界方向卸压程度逐渐降低。

丁德民、马凤山等[94,95]研究了急倾斜矿体分别受构造应力和自重应力开采时的覆岩运移规律，通过对比分析得出，当采动矿体沿竖直方向的垂高大于水平方向的推进长度时，矿体在受到两种应力状态下的地表运移特征和水平矿体开采后相似；当采动矿体沿竖直方向的垂高小于水平方向的推进长度时，在单独构造应力作用时地表移动呈现双沉降中心特征，在单独自重应力作用时地表移动呈现单沉降中心；两种应力作用开采时地表的移动变形量及变形影响区域都相差较大。数值模拟结果表明，地表移动的几何形状受工作面断层的影响较大，当矿体的开采厚度和开采方法一定时，地表沉陷的总体积和被采出矿体的体积在不同时间内具有一个特定的相关关系，影响地表沉陷的主要因素有：开采方法、开采厚度、开采后采空区的处理方式、工作面的长度、工作面与工作面之间的保护矿柱尺寸等。

张芳等[96]通过对急倾斜煤层底板巷道的受力分析，认为急倾斜煤层底板巷道受采动支承压力的影响较小，底板巷道的变形破坏主要是由上方采动范围内的岩层移动后形成大面积的悬空区域造成，急倾斜煤层开采时在底板形成不同程度的岩层移动活跃区，活跃区的大小主要由煤层倾角和煤层埋深决定，受采动区域的长高比影响较小。

崔希民等[97,98]对急倾斜煤层开采地表岩层移动机理和急倾斜工作面合理的区段煤柱留设尺寸进行了深入研究，认为急倾斜煤层开采后地表移动的最终形态主要有塌陷坑和台阶形塌陷盆地两种，煤层倾角大于55°时工作面上部垮落矸石向下滚动剧烈，上部区段煤柱的失稳可导致地表形成塌陷坑。利用极限平衡理论，得出急倾斜工作面区段煤柱的最小尺寸及保持煤柱稳定的理论表达式，当煤柱的剪切安全系数小于1时煤柱会沿层面下滑，地表形成漏斗形的塌陷坑，如塌陷漏斗中的充填煤岩体不能够支承两侧的岩层，塌陷漏斗的形状会持续变大，塌陷漏斗的持续变形破坏会导致地表呈现出台阶形坍塌盆地，该地表塌陷的形成机理能够很好地用于生产实践。

董陇军等[99]针对急倾斜煤层巷道放顶煤开采技术在不同矿区的放煤效果差异很大这一现象，结合顶煤的可放性与工作面采出率、回采放煤工艺及支架合理选型的关系，利用 Fisher 判别理论，选取煤层倾角、厚度、坚固性系数、瓦斯含量、夹矸的层数和硬度、工作面采深、直接顶、基本顶、直接底、老底的坚固性系数等十项指标作为 Fisher 判别的判别指标，建立了顶煤的可放性分类判别模型，得出了巷道放顶煤顶煤可放性的判别函数，该判别函数在资兴矿务局、开滦矿务局、攀枝花矿务局、梅田矿务局等急倾斜煤层巷道放顶煤工作面的顶煤可放性预测中得到了成功应用。

马亚杰教授等[100]以碎屑结构的煤系地层为研究对象，对急倾斜煤层开采覆岩变形破断的机理进行了深入研究，认为体积扩容是工作面顶板裂隙增加、导水裂缝带形成的根本原因，急倾斜工作面上覆岩层在采动影响下体积应变具有分区特征，主要可分为：① 连续介质条件下的内部塑性破坏—压缩区；② 扩容区；③ 外部弹性压缩区。根据采动覆岩变形破坏过程的体积变化特征，内部塑性破坏—压缩区可定义为采场覆岩断裂的垮落带，扩容区定义为断裂带，扩容区与外部弹性压缩区之间体积应变为零的等值线可作为急倾斜煤层开采防水煤柱的最小尺寸范围，此种方法确定的防水煤柱留设尺寸在开滦赵各庄矿急倾斜工作面取得了较好的应用效果。

王金安教授等[101,102]利用分形几何学对实验室实验测得的急倾斜煤层采动覆岩裂隙发育特征进行了分析，指出采空区上方岩层内的裂隙较为发育且裂隙发育角度较大，地表附近的岩土层内裂隙发育较弱且裂隙发育角度较小，采动覆岩内的裂隙闭合与张开的分形维数与工作面煤层埋藏深度之间呈线性正比关系，即上覆岩层中的裂隙张开闭合率随煤层埋深的增加而增大，提高浅部覆岩的裂隙闭合率可有效阻止地表水渗入井下。此外，还对地表的雨水渗入量与上覆岩层裂隙率之间的相互影响关系进行了深入研究，结果表明，工作面的渗水流量与上覆岩层的裂隙闭合率呈现非对称性的抛物线关系，随着采深的增加，浅部覆岩受采动扰动作用变小，移动覆岩逐渐堆积、裂隙闭合率增加，形成的新的承载结构可以很好地阻止地表水渗入工作面。

邵小平等[103-105]认为，急倾斜煤层大段高开采顶板变形明显大于底板，在顶板形成的卸压拱保护结构作用下，顶板岩层的变形破断经历缓慢变形、水平变形快速增长、竖直位移快速增长、破断垮落四个阶段，顶底板的破断垮落均要滞后工作面一定距离。通过矩形薄板理论，建立了急倾斜煤层开采合理段高留设的力学模型，分析表明工作面走向长度、倾向长度、煤层倾角、上覆岩层的载荷及泊松比是影响段高取值的主要因素。根据煤层埋藏倾角不同段高的取值有三种标准，即：① 煤层倾角 45°～55°，段高为 29 m 左右；② 煤层倾角 55°～75°，段高为 51 m 左右；③ 煤层倾角 75°～90°，煤层倾角处于该范围内工作面回采工艺及综采装备的选型对段高取值影响最大。

综上急倾斜工作面覆岩运动研究现状，可知国内外学者对急倾斜煤层开采覆岩非对称受力、运动规律、覆岩结构特征、矿压显现规律、地表运移规律进行了一定的研究，此外，还研究了急倾斜特厚煤层分层开采工作面矿压显现特征、工作面支架—围岩作用关系。目前，还缺少对薄及中厚急倾斜煤层工作面顶板垮落特征、采空区垮落矸石的充填与压实特征、覆岩结构的联动失稳机制、支架—围岩相互作用关系、区段煤柱合理留设方法、顶板大面积破断失稳机理、煤壁以及巷道围岩控制机理的系统研究，给急倾斜煤层工作面设计布置、装备选型、顶板管理等带来困难，制约着急倾斜工作面安全高效生产。

1.2.3　急倾斜工作面围岩、设备稳定控制研究

从现有能够检索到的文献看，国外在急倾斜煤层工作面围岩、设备稳定控制方面的研究几乎为空白。

随着急倾斜煤层资源的开采迅速进入人们视野、引起重视，人们对急倾斜煤层产量的需求与急倾斜工作面装备及其稳定性控制困难之间的矛盾日益突出。急倾斜煤层的安全高效开采，工作面装备水平是基础，围岩、设备稳定是前提。围岩稳定控制主要包括工作面顶板、煤壁以及巷道围岩稳定控制；工作面设备稳定控制主要包括液压支架、采煤机和刮板输送机，其中，支架的稳定是关键，其他设备都是以液压支架的稳定为基础，通过以支架为着力点支撑或相互间的铰接实现，然而根据急倾斜煤层工作面开采煤层的开采高度不同、支架的重心位置不同、煤层的倾角不同，设备自身的稳定能力并不相同。总结得出急倾斜工作面液压支架主要存在下滑和倾倒两种失稳方式，工作面刮板输送机和采煤机主要存在下滑失稳。对于设备的不同失稳方式，国内的专家和学者开展了以下相关研究：

张勇、霍志朝等[106-114]提出了临界倾角的概念，建立了工作面设备受力模型，分析了支架静态工作过程以及动态移架过程支架的下滑和倾倒的影响因素，认为支架的静态稳定性随工作阻力、支架顶梁宽度、顶板摩擦系数、底板摩擦系数的增大而增加，随支架重心位置的高度、

煤层倾角的增大而减小;支架的动态稳定受支架高度、顶梁宽度、底板摩擦系数影响较大。从工作面布置形式、巷道布置层位以及支架之间的防滑防倒防倾装置保证急倾斜工作面液压支架稳定,制定了急倾斜综采工作面以支架稳定为核心的“三机”动态稳定控制方案。

查文华等[115]针对急倾斜工作面回采巷道的特有地质赋存特征,利用现场调研、理论分析和现场实测的方法,分析了巷道围岩变形的主要影响因素、巷道围岩变形规律、锚杆锚索支护机理,得出急倾斜工作面回采巷道上帮受力变形大是巷道支护的重点,通过锚网索支护技术的改革试验,制定了急倾斜工作面回采巷道的不对称性锚网索支护技术方案,在新集三矿急倾斜工作面得到了较好的应用,对急倾斜工作面回采巷道围岩控制具有积极意义。

神新公司[116]将急倾斜综放工作面传统的超前单体支护改为超前液压支架支护,解决了超前支护强度低、工人劳动强度大、成本高、巷道变形严重、安全性差等难题,实现了超前支护的机械化与自动化。靖远煤业有限责任公司[117]针对急倾斜工作面端头支护困难、支护作业时间长等问题,研究分别从回采巷道、开切眼布置方式和端头支架设计改造方面提高端头顶煤及底煤的稳定性,取得了一定的支护效果。

赵长红、唐建新等[118,119]分析认为,工作面防飞矸技术是急倾斜长壁综采工作面人员设备安全的关键。以淮北矿区急倾斜煤层埋藏条件为基础,设计并研制了工作面四种防飞矸装置,即:刮板输送机行人道隔离防矸网、刮板输送机机道阻矸网、行人道挡矸设施以及刮板输送机机尾挡矸板。

刘少伟等[120]针对急倾斜工作面回采巷道沿顶板布置时上帮煤岩体片帮失稳严重的现象,根据上帮煤岩体的滑移失稳特征,认为可以用毕肖普条分法进行巷道失稳区域的预测分析,为此建立了巷道煤岩体的失稳预测模型,得出巷道煤岩体稳定安全系数的计算公式,通过对不同倾角、不同采高回采巷道煤岩体稳定分析,提出了利用超前锚注技术解决急倾斜工作面煤帮滑移的难题。

卢运海、宋勇慧等[121-125]针对急倾斜复合顶板工作面设备(尤其是液压支架)安装回撤时间长、巷道围岩变形控制困难等难题,研究并设计了合理的工作面安装回撤通道及其支护方式,安撤绞车的合理布置地点,以及设备运送过程中调架技术和旋转技术,缩短了急倾斜复合顶板工作面安撤时间,有效解决了巷道围岩变形难题,取得了较好的安装回撤效果。

综上急倾斜煤层工作面围岩、设备稳定控制研究现状,可知国内外对急倾斜煤层综采工作面设备的防滑防倒、巷道围岩支护技术、回采巷道的布置方式、工作面防飞矸技术、巷道围岩失稳预测方法、工作面安装回撤技术等进行了研究,还需对工作面伪斜布置角度的确定方法、煤壁片帮控制方法、巷道围岩受力变形特征、支架成组布置参数与工作面开采参数之间的关系、工作面"三机"装备之间的合理布置方式进行系统研究,实现薄及中厚急倾斜煤层工作面开采过程围岩、设备的动态稳定控制。

1.3 主要研究内容

(1) 急倾斜煤层开采相似模拟实验系统研制

针对实验室现有采矿平面相似模拟实验设备大部分不可旋转、难于实现变形补偿加载、铺设急倾斜煤层开采相似模型困难、实验数据可靠性差等问题,研制可旋转的相似模拟实验平台,可实现急倾斜煤层开采相关实验,降低急倾斜相似模拟模型铺设的难度,实现实验过程中变形补偿均布加载,提高实验结果的精确度。

(2) 急倾斜煤层长壁开采覆岩非对称性受力规律及结构稳定特征研究

以采矿学、弹性力学、岩石力学等理论为基础,根据急倾斜煤层地质赋存条件,研究顶板、底板受力变形与工作面开采参数之间的相互影响关系,得到急倾斜工作面采动煤岩体的非对称受力变形规律,分析工作面直接顶垮落矸石的充填、压实特征,直接顶、基本顶的裂隙发育规律、空间承载结构及失稳方式，支架—围岩承载特征，确定急倾斜工作面支架工作阻力、采空区矸石充填带宽度的计算方法，结合现场实测矿压数据验证其正确性。

(3) 区段煤柱合理尺寸留设及其失稳致灾机理研究

建立急倾斜工作面区段煤柱受力模型，研究区段煤柱的受力变形特征、失稳破坏方式、合理尺寸留设方法，分析区段煤柱、顶板承载结构、回采巷道及工作面煤壁之间的相互作用关系，得到区段煤柱失稳致灾机理。

(4) 急倾斜煤层开采工作面安全保障技术研究

针对薄及中厚急倾斜煤层长壁综采工作面围岩、设备稳定控制困难、飞矸伤人、损坏设备的难题，研究急倾斜煤层工作面煤壁片帮、巷道围岩控制技术，分别从工作面布置和设备间的成组捆绑方式对工作面设备稳定控制技术进行研究，分析工作面防飞矸方法，得出急倾斜工作面围岩、设备的动态稳定控制技术措施，保证工作面的安全高效回采。

1.4　主要研究方法及技术路线

1.4.1　主要研究方法

本书采用现场调研、相似模型实验、理论分析、数值模拟及现场实测相结合的综合研究方法。

(1) 现场调研

以龙煤集团七台河矿区薄及中厚急倾斜煤层开采为研究对象，调研急倾斜综采工作面煤层赋存条件、工作面回采过程面临的难题、工作面现有布置方式、回采巷道的布置和支护方式、回采过程中采空区矸石的垮落特征、矿压显现的实测数据、支架的移架方式、设备防滑防倒措施等，为研究提供基础资料。

(2) 相似模拟实验

以薄及中厚急倾斜长壁开采工作面开采条件为研究对象，利用自主研制的可旋转的急倾斜煤层实验室相似模拟实验模型架，分析工作面不同层位岩层的移动变形规律，研究急倾斜煤层开采过程中直接顶的垮落充填特征、充填矸石和采空区未冒顶板形成的承载壳体结构特征、基本顶岩层的裂隙发育规律和破断失稳方式、区段煤柱的破断失稳规律。

(3) 理论分析

利用“弹性力学”、“砌体梁”、“岩石力学”等理论，建立急倾斜工作面顶板、底板和区段煤柱的受力模型，研究薄及中厚急倾斜工作面采动覆岩的非对称性受力规律以及采动覆岩变形与工作面开采参数之间的关系，分析覆岩破断结构的失稳方式，得出工作面合理布置方式、采空区矸石充填带宽度、区段煤柱合理留设尺寸、工作面液压支架工作阻力的确定方法，制定工作面围岩、设备的动态稳定控制技术。

(4) 数值模拟计算

采用 $FLAC_{3D}$ 软件研究不同煤层倾角、工作面采高、倾斜长度时采动应力演化规律、变形破坏规律，采场支架—围岩作用关系，区段煤柱的受力破坏特征及失稳方式，煤壁片帮机理，回采巷道变形破坏特征；利用 UDEC 软件研究工作面采空区矸石的垮落充填特征，工作面顶板结构的承载特征，煤柱失稳的致灾机理。

(5) 现场试验及实测

现场实测急倾斜工作面布置方式、煤壁片帮特征、液压支架移架方式和受力规律、顶底板的变形垮落特征、采空区垮落矸石充填带宽度及压实特征、区段煤柱合理留设尺寸以及工作面推进过程中煤柱的受力破坏特征，验证理论研究、数值模拟和相似模拟研究的合理性，形成该类煤层安全高效机械化开采技术体系。

1.4.2 技术路线

本书的技术路线如图 1-1 所示。

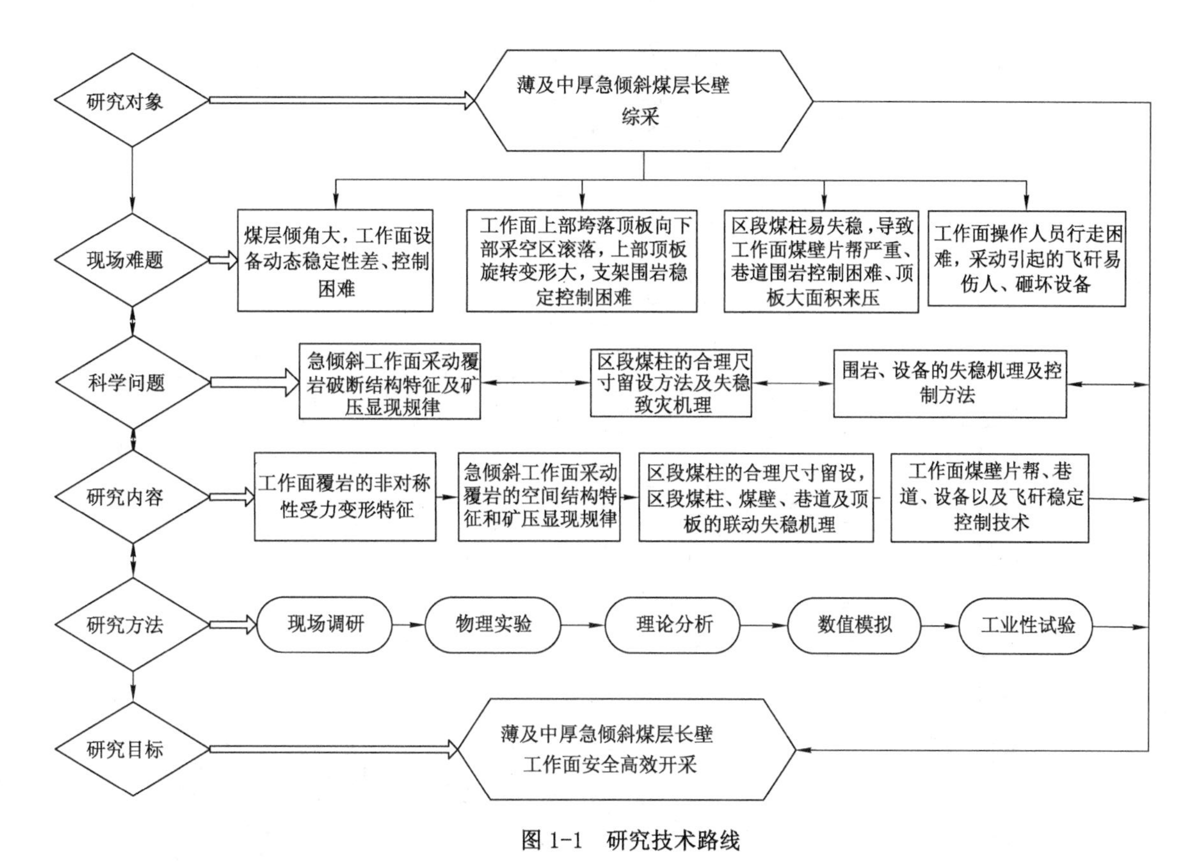
研究对象
薄及中厚急倾斜煤层长壁综采
现场难题
煤层倾角大，工作面设备动态稳定性差、控制困难
工作面上部垮落顶板向下部采空区滚落，上部顶板旋转变形大，支架围岩稳定控制困难
区段煤柱易失稳，导致工作面煤壁片帮严重、巷道围岩控制困难、顶板大面积来压
工作面操作人员行走困难，采动引起的飞矸易伤人、砸坏设备
科学问题
急倾斜工作面采动覆岩破断结构特征及矿压显现规律
区段煤柱的合理尺寸留设方法及失稳致灾机理
围岩、设备的失稳机理及控制方法
研究内容
工作面覆岩的非对称性受力变形特征
急倾斜工作面采动覆岩的空间结构特征和矿压显现规律
区段煤柱的合理尺寸留设，区段煤柱、煤壁、巷道及顶板的联动失稳机理
工作面煤壁片帮、巷道、设备以及飞矸稳定控制技术
研究方法
现场调研
物理实验
理论分析
数值模拟
工业性试验
研究目标
薄及中厚急倾斜煤层长壁工作面安全高效开采

图 1-1 研究技术路线

2 急倾斜煤层开采相似模拟实验系统研制

由于煤炭开采地质条件的多变性、煤岩体力学性质的非均一性，开采引起的煤岩受力破断问题大多数为非连续性大变形问题，目前，通过单一的计算机数值模拟研究覆岩破断垮落特征还存在一定的局限性，并不能全面准确地再现采煤工作面开采过程中上覆岩层的运动规律，而通过现场实际观测采动覆岩空间结构特征又比较困难或费用昂贵。实验室相似材料模拟实验可通过材料合理配比与实际岩层岩性相符，也可在层与层之间产生一定的不连续节理面，特别是可以按一定相似比例对工作面采动影响范围内煤岩体破断垮落等非连续特征进行研究，对采矿煤岩层变形移动、破坏等方面研究具有一定的优越性[126-129]，在国内外已得到广泛应用，并在采矿工程科研、设计及实验中发挥了重要作用。

随着计算机软硬件水平的提高，相似模拟实验材料、数据监测软件、后处理软件也得到了飞速发展，许多科研院所和高等学校也根据不同实验的需求研制了相应的相似模型实验系统，被广泛并成功应用于不同学科和行业，取得了一定的研究成果，充分证明了相似模拟技术的科学性和实用性，促进了该技术的发展。

2.1 设计思路及存在难点

2.1.1 设计思路

实验室现有采矿平面相似模拟实验设备大部分不可旋转，由于急倾斜工作面煤岩层倾角大，如将煤岩层沿倾斜方向铺设，铺设过程中材料下滑严重、模型风干过程各岩层之间变形严重，模型铺设困难、实验误差偏大、实验数据可靠程度低。为解决上述问题，研究将实验模型架设计成可旋转，实验前先将模型架旋转至煤层的实际倾角，这样可以沿水平方向铺设材料，避免铺设过程中材料的下滑和变形，模型铺设完并风干后将模型架旋转为水平状态，这样既可以提高急倾斜煤层开采相似模拟实验数据的可靠程度，又易于铺设、便于上部加载，因此，为满足上述要求，研制一套可旋转的急倾斜煤层开采实验系统十分必要。

2.1.2 存在难点

根据急倾斜煤层开采实验的要求，要使模型架旋转到 45°以上主要存在如下几点困难：

(1) 煤层倾角大，需要旋转的角度大，同时，模型架存在多种旋转方式，不同旋转方式旋转时模型架最高旋转点距地面的距离是模型架水平放置高度的 1～2.5 倍，转动过程稳定控制困难，模型架旋转后高度越高铺设过程中人员操作越困难，此外，不同的旋转方式可选用不同的动力系统，如选择较为简单的液压千斤顶作为模型架旋转的动力来源，则千斤顶的可伸缩量需能适应模型架旋转的空间尺寸要求、模型架着力点的强度应能满足旋转启动与停止时冲击载荷的要求，因此，需确定合理的旋转方式及动力系统。

(2) 模型架旋转过程中要保证架体前后不晃动，需设计合理的前后侧固定方法，同时，模型架转动后变为由一个或两个点对其提供支撑，需要高强度的支承载体，此外，模型架旋转之后侧方挡板变成铺设时的部分底板，侧方挡板与底板连接处需要高强度刚性连接以及高承载能力的侧方挡板，为此需研究高强度的承载结构和架体结构。

（3）急倾斜煤层开采工作面上部采动影响范围大，当模拟煤层采动变形波及地表时，采用普通的铁块加载方法并不能实现变形补偿加载，很难实现均布加载，导致实验误差偏大，为提高实验数据的可靠程度，需研究能够满足变形补偿的伺服加载系统。

（4）铺设模型过程中，为使铺设岩层易于被夯实，应使模型架前后的挡板（槽钢）在任一角度下和模型架之间能够实现水平连接状态，且不同倾角煤层相同层位所需槽钢长度并不一样，需对槽钢的连接方式进行研究。

综上所述，要成功研制可旋转急倾斜煤层开采相似模拟系统，需克服上述 4 个难点，实验平台的主体结构应由模型架、平面旋转系统、承载系统和加载系统四个部分组成，且要保证各系统的强度和刚度，同时，为提高旋转角度的精度，可利用 PLC 对其进行控制。以下将对各组成部分以及相关控制系统进行研究。

2.2 模　型　架

模型架是相似模拟过程中相似材料铺设的直接承载装置，其尺寸大小应综合考虑实验需要和实验室实际空间大小。如相似缩放比例过大，虽然模型架的尺寸小占用空间小，但因相似结果的失真率偏大，往往会导致研究结果的可靠程度低；若相似比例过小，模拟结果失真程度小，试验数据可靠程度高，但模型尺寸大，占用实验室空间大，在旋转状态下铺设，模型整体稳定程度差，模型的设计成本会成倍增加。综合考虑上述因素确定模型架的设计尺寸（模型架内控尺寸）为：2 500 mm（长）×300 mm（宽）×2 000 mm（高），如图 2-1 所示。

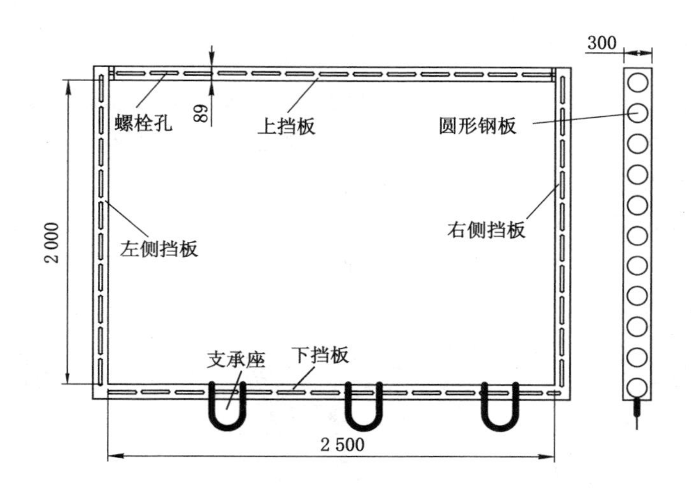

图 2-1 模型架设计图

为使不同倾角煤层铺设时前后约束挡板(槽钢)能和模型架之间呈水平连接方式,在模型架的上、下、左、右挡板以及前、后约束挡板上等间距地设计有螺栓孔(见图 2-1)。此外,为加强左右侧挡板的自身强度,提高其抗变形能力,利用圆形钢板等间距地焊接在左右侧挡板的背面,圆形钢板的直径为 150 mm,厚度为 5 mm。

2.3 旋转系统

合理的旋转方式是决定实验系统研制成功的关键,不同旋转方式的模型架操作过程所需空间大小不一样,稳定控制难易程度不一样,旋转的难易程度也不一样,所需提供的旋转动力大小也不一样,系统研制的所需经费也不一样,为此要确定合理的旋转方式,需结合实验室实际条件综合考虑上述因素。

2.3.1 旋转方案确定

模型旋转角度越大，稳定控制越难、承载结构所需高度越大、设计需考虑的不利因素越多，综合考虑薄及中厚急倾斜煤层长壁工作面目前开采技术现状，确定模型架的角度旋转范围为 0°～80°时，可完全满足研究要求。此外，模型架旋转方案的确定应以稳定、安全、可控、可操作性能高为准则，为此调研分析得出模型架旋转示意图如图 2-2 所示。

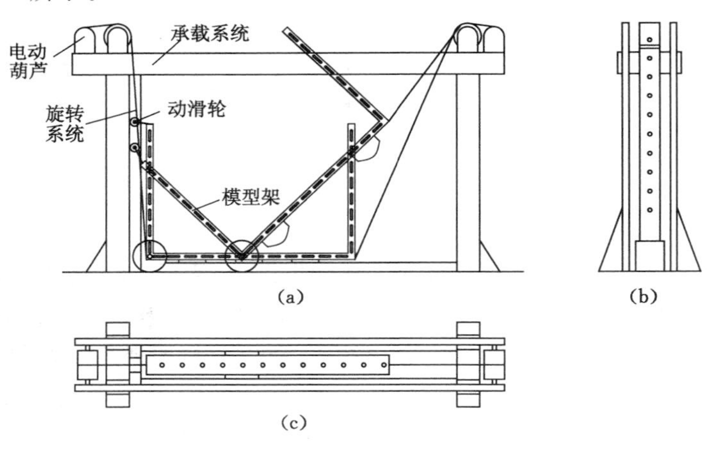

图 2-2　旋转方案示意图

模型架旋转是通过左右侧的钢丝绳配合模型架左上侧和左下侧的滑动轮实现的。在模型架的左上角设计有沿竖直方向滑动的滑动轮(图 2-3)，配合竖直滑轨，使其紧贴承载结构的左侧槽钢，模型架左上角只能在竖直方向运动，避免模型架在水平方向随意滑动；模型架的下角点设计有沿水平方向滑动的滑动轮，配合水平滑轨，使下角点始终在水平方向运动，同时，此滑动轮紧贴承载结构的前后侧槽钢也能在一定程度上防止模型架前后倾倒。两者的组合限制运动形式配合左右两侧的钢丝绳，使模型架只能在竖直平面内转动。左右侧的钢丝绳同时操作系统稳定性高、单个钢丝绳所需拉力小、角度可控范围大，模型旋转过程所需空间高度小，易于铺设。

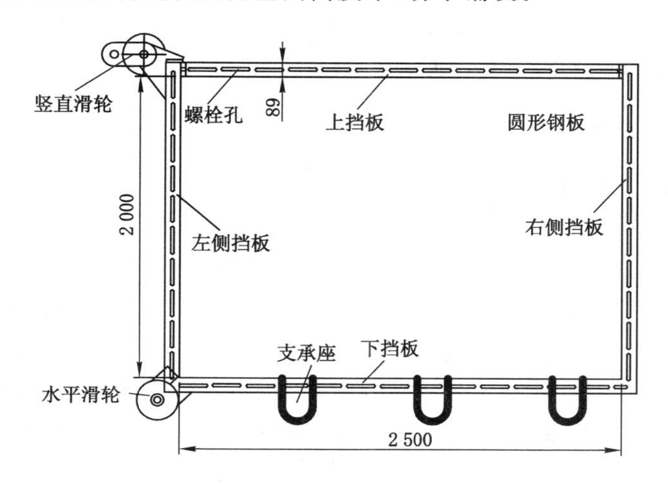

图 2-3 模型架滑动轮示意图

经计算模型架的自重、相似材料自重以及前后侧槽钢挡板的自重之和为 4.95 t，根据模型架的旋转特点可知，模型架旋转过程大部分重量由左下角的滑动轮承受，为减小设计系统占用的空间大小，确定采用 5 t 的环链电动葫芦为动力系统完全能够满足使用要求。左侧的电动葫芦通过钢丝绳和模型架的左上角竖直滑动轮连接，右侧的电动葫芦通过钢丝绳和模型架右下角角点连接，钢丝绳通过固定在承载结构上的两个定滑轮改变受力方向。环链电动葫芦内配有拉绳位移传感器、倾角传感器，能在高、低速的状态下加以信息反馈，确保钢丝绳在合适的低速范围内工作，有利于模型架稳定旋转。

为实现电动葫芦旋转过程中稳定控制，采用旁式平面刹车加齿轮箱机械刹车系统，其中，旁式平面刹车系统主要用来控制电动葫芦运行中的惯性，即便运行过程中旁式刹车损坏，齿轮箱里的机械刹车系统仍能起到刹车作用保证操作人员安全,采用双刹车系统可增加系统制动过程的可靠度。

此外,为提高模型架旋转过程中旋转系统的自动化与精确化控制程度,需研究合理的自动化控制系统。

2.3.2 自动化角度控制

由模型架的运动特征可知,旋转过程中需同时操作两侧的钢丝绳,两钢丝绳之间需准确协调配合,即一侧钢丝绳处于上拉状态,另一侧处于下放状态,当两钢丝绳操作不协调时,模型架会出现振动或倾倒,影响实验效果,严重时会损坏设备甚至伤人,同时,对于角度有精确要求的实验,简单的人工或机械控制角度实际操作过程极其困难,因此为能够满足上述要求,使模型架稳定安全旋转,研究采用PLC自动化角度控制系统对模型旋转的角度、速度、位移进行互为反馈、调节控制。PLC自动化角度控制系统主要由控制器、扩展模块、监控上位机、操作台等组成。

PLC采用程序内嵌角度调节智能控制算法,可对两台环链电动葫芦的旋转速度、位移进行自动调节切换,以此来确保模型架在旋转过程中的稳定性与连续性,最终达到对旋转角度的精确控制。为了满足不同用户的操作需求及旋转要求,控制模式可分为全自动、半自动和手动三种控制方式,其指令流程如图2-4所示。在全自动模式下,用户只需在控制界面输入目标角度,系统即可实时检测当前两侧拉绳位移与倾角,调用智能控制算法来切换两台环链电动葫芦的速度,直至模型架运动至目标角度;在半自动模式下,用户通过操作电控箱上的启停按钮来自由控制模型架的旋转角度;在手动状态下,用户可以分别点动控制两台环链电动葫芦在低速状态下运转,达到用户自行调节旋转角度的目的。此外,为确保系统的安全,在拉绳两侧均安装了扭矩传感器,在力矩超限时立即停机并输出声光报警。

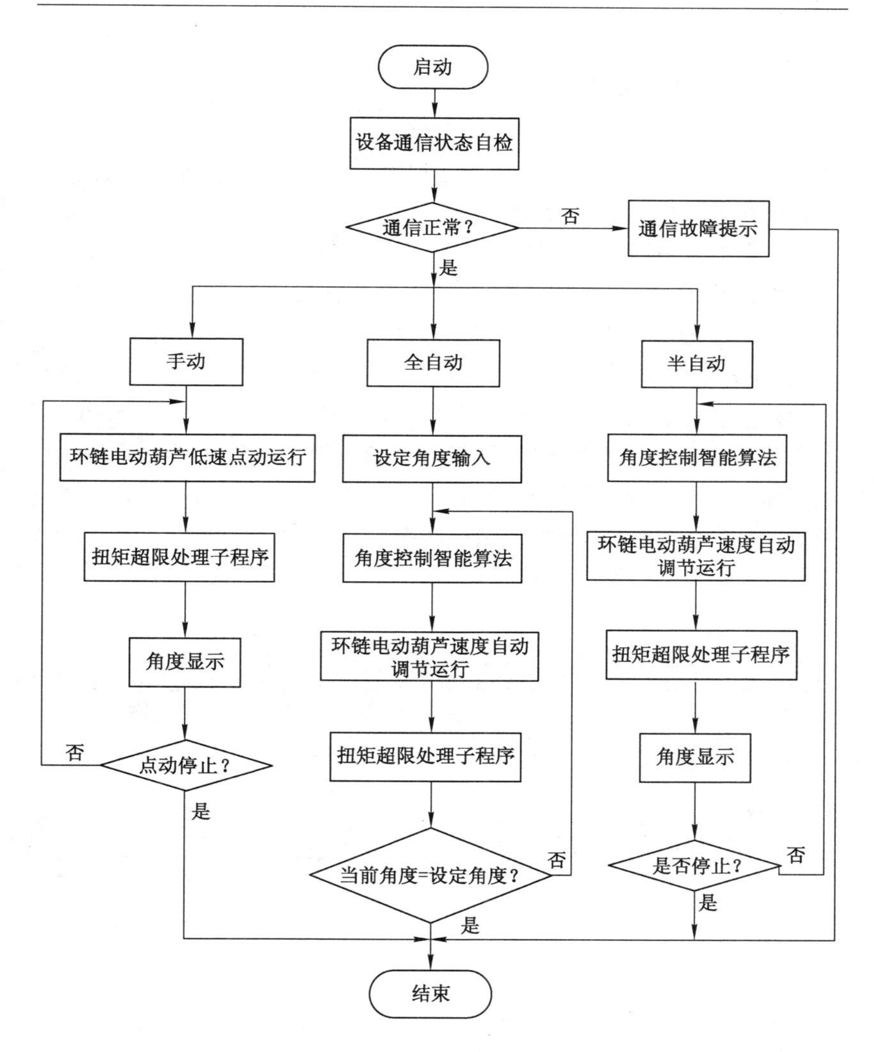

图 2-4 PLC 控制指令流程图

2.4 承载系统

承载系统是用来承载研制模型架自重、动力系统以及旋转过程中产生的额外惯性力的结构，其作用主要有：① 连接模型架、旋转系统和加载系统并对这三个系统进行支承；② 为模型左上角和左下角滑动轮提供滑动轨道；③ 模型架的左侧、下侧和右侧都有滑道的限位装置，防止模型架在转动过程中前倾和后倒，同时，为确保整个操作过程人员安全，承载结构的上侧和右侧可在模型架失稳过程起到一定的保护作用，避免因模型架失稳造成伤人事故。模型架在承载系统内旋转时前后限位仿真路径如图 2-5 所示，根据实验及模型架旋转过程所需的最大空间尺寸要求，确定承载系统的最小高度为 3 500 mm，外加环链电动葫芦的尺寸；根据模型架的满载状态，加固筋板，依据实验室实际宽度、电动葫芦宽度确定承载系统的最小宽度为 5 300 mm。

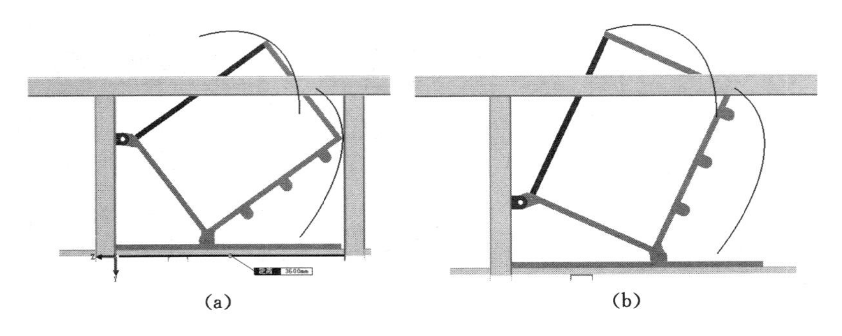

(a)　　　　(b)

图 2-5　承载结构的定位作用示意图

综合上述分析，确定承载系统的尺寸为 5 300 mm(长)×2 084 mm(宽)×3 500 mm(高)，包括底座、左右立柱、上支撑梁、下横座、上横梁、上下筋板、导轨、主梁筋板、底座筋板、底盖板，整个主架采用地脚螺栓固定在地面，如图 2-6 所示，整个系统采用厚度分别为 15 mm 和 12 mm 的 32C 型槽钢焊接而成。考虑到实验人员安全，承载系统的左右侧设有防护网，避免实验人员误触钢丝绳及控制感应器。

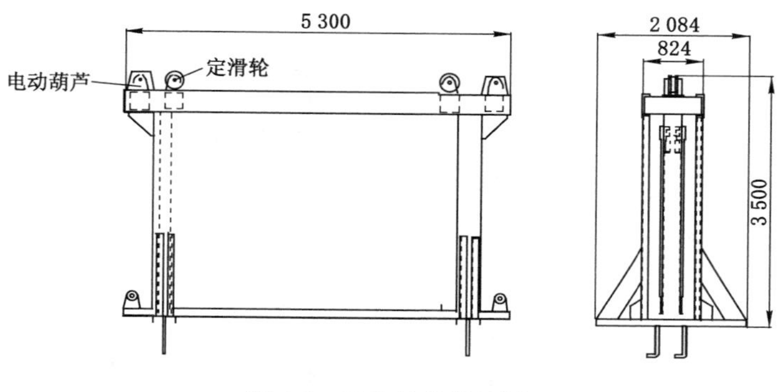

图 2-6 承载结构设计图

可旋转的急倾斜煤层开采相似模拟实验系统的整体装配如图2-7 所示。

2.5 水压伺服加载系统

相似模拟实验由于模型尺寸限制，而实际煤层埋深往往又比较大，实验过程中不可能从煤层底板铺设到地面表土层，通常情况下只铺设到问题研究范围内的层位，对于上覆未能铺设岩层采用等效载荷的方法对模型上表面进行压力加载。实验室现有的等效加载多利用铁块的重力对其进行加载，此加载方法主要存在如下缺点：

① 当模型表面因采动影响产生下沉变形时，铁块加载往往不能对其进行补偿加载，很难实现均布加载，导致实验误差偏大。

② 铁块没有特有的固定装置，岩层在变形移动过程中可能会发生倾斜、歪倒，伤人、损坏监测设备等，安全程度低。

为克服铁块加载导致实验误差变大的难点，实现实验过程的安全加载，研究使用水压加载方法对相似模拟覆岩表面进行等效加载，水压加载系统是通过水压泵站[图 2-8(a)]对加载水袋[图 2-8(b)]

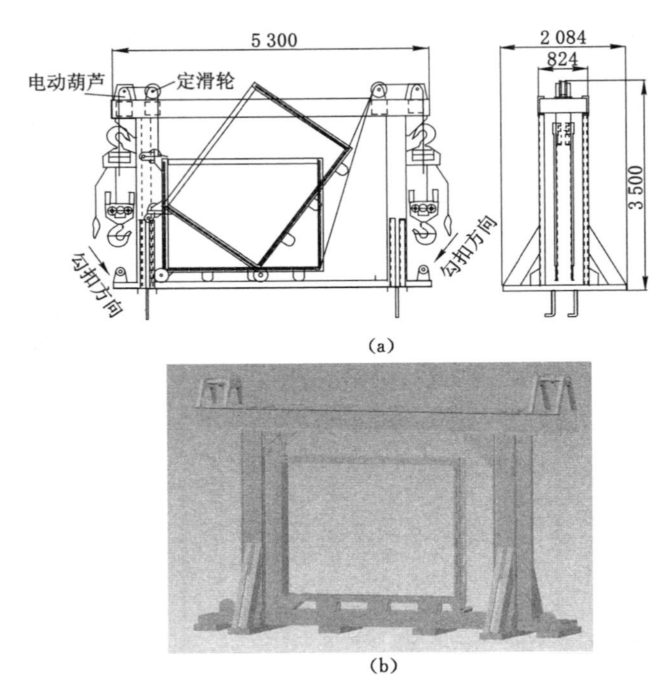

图 2-7　研制系统整体装配图

(a) 设计图;(b) 三维仿真图

提供压力,水压站结构及工作原理如图 2-9 所示。此外,为使水压加载系统能够服务于多台模型架,水压泵站设计为可移动,泵站的主体设计在可移动的小车上,泵站工作时其整体重量由小车下部的承重腿支承(图 2-9)。

结合上述水压加载系统的特点及作用原理,可知采用此加载方法主要存在如下优点:

① 能够动态精确跟踪给定压力。水压伺服加载系统(简称水压站)能够设定出口压力范围,并维持在设定压力区域,当水压低于设定区域下限时水泵启动;当水压达到设定压力范围上限时,水泵停止工作。

② 均布加载。普通的铁块加载由于铁块的高度和光滑度差异

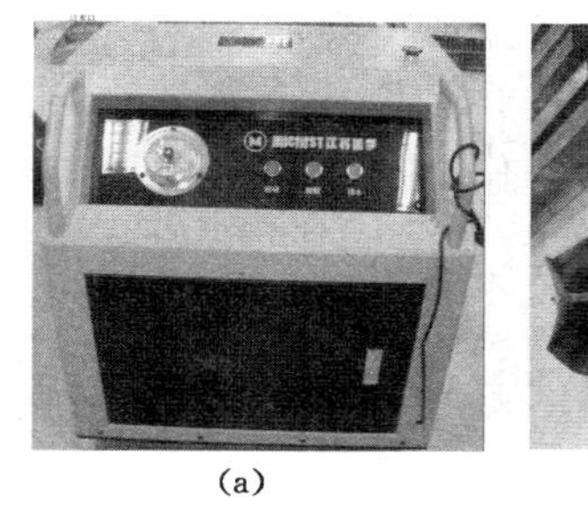

(a)

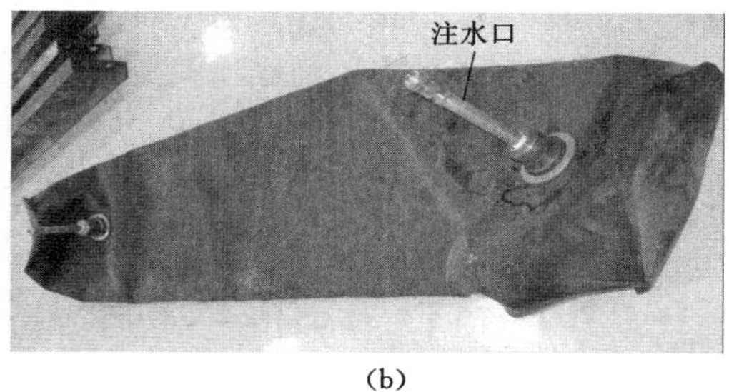

(b)

图 2-8 加载系统实物图

(a) 水压泵;(b) 加载水袋

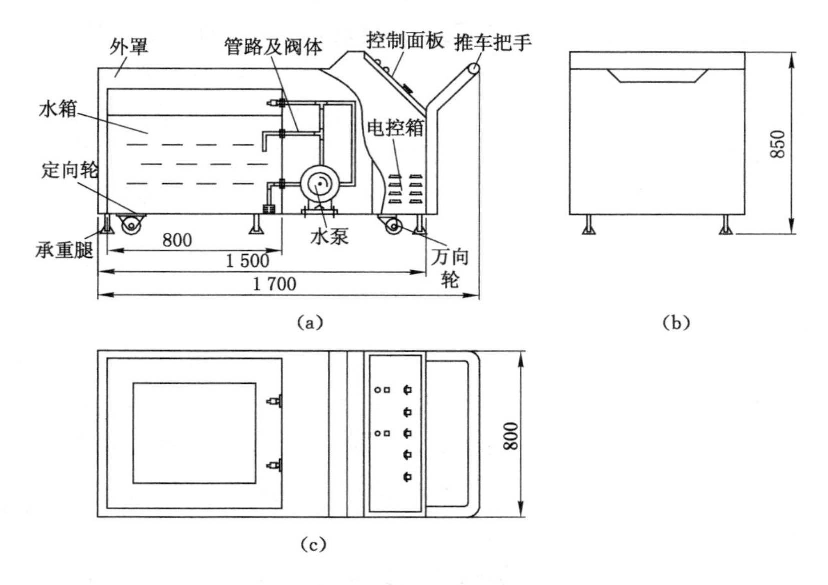

(a) (b) (c)

图 2-9 水压站设计图

造成铁块间的连接出现间隙或者咬接,并不能实现均布加载,水压加载由于水袋中压力由同一泵站统一提供,且同一水袋的加载范围广,较易实现均布加载,此外,当开采引起上覆岩层变形下沉时,水压加载由于水袋的柔软性特征，能够对变形区域实现补偿加载。

③ 简便安全。水压伺服加载简单且易于操作，没有复杂的工艺要求和高性能的材料要求，一般人员均可操作，在相似模拟实验加载过程中安全系数高，可保证人员和设备安全。

2.6 相似材料质量配比软件开发

从模型架的设计思路与实验方法中不难发现，在模型架尺寸和相似模拟比例确定的前提下，不同旋转倾角时铺设相同厚度的煤岩层所需的相似材料的质量并不一样。铺设从模型架的左下角开始，到模型架的右上角完成，在此范围内铺设岩层的长度先增大后减小，因此，对于相同厚度不同层位的岩层所需的相似材料质量相差较大。从单纯的实验角度考虑，为减少开采边界的影响应尽量将研究范围内的煤岩层铺设在可开采长度最大（水平割线最长位置）的层位内，从相似材料的消耗量方面考虑，首先需确定不同层位内铺设不同厚度的岩层所需材料质量。

分析表明，当模型架旋转角度大于或小于 $\arctan(m/n)$ 时（见图 2-10），并不能用同一种方法计算铺设岩层的质量，另外，同一旋转倾角不同区域铺设岩层的计算方法并不一致，又可分为三个小区域来分析问题。因此，问题的研究首先应根据煤层的倾角分为两种情况，每种情况又分为三个小区域来分别求解。图中，l_{HF} 为铺设任一岩层的厚度，其长度为 $l_{HF}=\lambda Z_i$，λ 为相似模拟实验的相似比，m 为模型架的高度，n 为模型架的宽度。

对于图 2-10(a)所示的旋转情况，即旋转角度小于 $\arctan(m/n)$ 时，铺设岩层的质量应按如下方法确定。

(1) 当 $\sum Z_i < l_{AE} = n\sin\alpha$ 时，第 i 层岩层所需材料的质量为：

$$M_{si} = \frac{\sum Z_i^2 - \sum Z_{i-1}^2}{\sin 2\alpha}\rho t \tag{2-1}$$

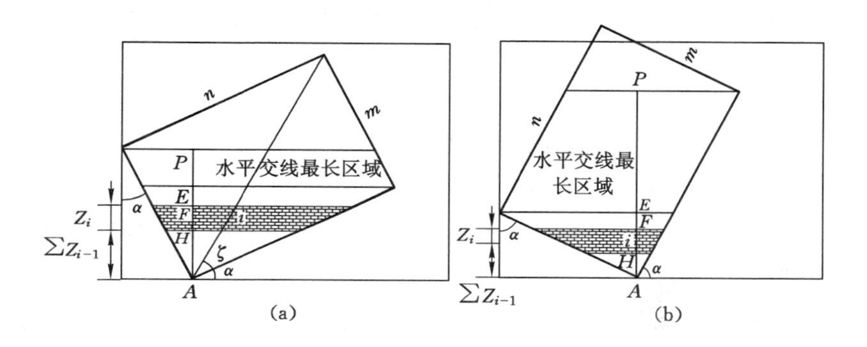

图 2-10 不同旋转方式面积计算示意图

式中 ρ——相似材料的密度；

t——模型架的厚度。

(2) 当 $l_{AE} \leqslant \sum Z_i \leqslant l_{AP} = m\cos\alpha$ 时，存在如下两种情况：

① 当 $\sum Z_{i-1} \leqslant l_{AE}$ 时，第 i 层岩层所需材料的质量为：

$$M_{si} = [\frac{n^2}{2}\tan\alpha + \frac{n}{\cos\alpha}(\sum Z_i - n\sin\alpha) - \frac{\sum Z_{i-1}^2}{\sin 2\alpha}]\rho t \quad (2\text{-}2)$$

② 当 $\sum Z_{i-1} > l_{AE}$ 时，第 i 层岩层所需材料的质量为：

$$M_{si} = \frac{nZ_i}{\cos\alpha}\rho t \quad (2\text{-}3)$$

(3) 当 $l_{AP} < \sum Z_i$ 时，存在如下两种情况：

① 当 $\sum Z_{i-1} \leqslant l_{AP}$ 时，第 i 层岩层所需材料的质量为：

$$M_{si} = \frac{n\rho t}{\cos\alpha}(m\cos\alpha - \sum Z_{i-1}) + \frac{n^2\rho t}{2}\tan\alpha - \frac{[m\cos\alpha + n\sin\alpha - \sum Z_i]^2\rho t}{\sin 2\alpha} \quad (2\text{-}4)$$

② 当 $\sum Z_{i-1} > l_{AP}$ 时，第 i 层岩层所需材料的质量为：

$$M_{si}=\frac{[m\cos\alpha+n\sin\alpha-\sum Z_{i-1}]^2\rho t}{\sin 2\alpha}-\frac{[m\cos\alpha+n\sin\alpha-\sum Z_i]^2\rho t}{\sin 2\alpha} \tag{2-5}$$

对于图 2-10(b)所示的旋转情况,即旋转角度大于 arctan(m/n)时,铺设岩层的质量应按如下方法确定。

(1) 当 $\sum Z_i < l_{AE} = m\cos\alpha$ 时,第 i 层岩层所需铺设材料质量的计算公式与式(2-1)一致。

(2) 当 $l_{AE} \leqslant \sum Z_i \leqslant l_{AP} = n\sin\alpha$ 时,存在如下两种情况:

① 当 $\sum Z_{i-1} \leqslant l_{AE}$ 时,第 i 层岩层所需材料的质量为:

$$M_{si}=[\frac{m^2}{2\tan\alpha}+\frac{m}{\sin\alpha}(\sum Z_i-m\cos\alpha)-\frac{\sum Z_{i-1}^2}{\sin 2\alpha}]\rho t \tag{2-6}$$

② 当 $\sum Z_{i-1} > l_{AE}$ 时,第 i 层岩层所需材料的质量为:

$$M_{si}=\frac{mZ_i}{\sin\alpha}\rho t \tag{2-7}$$

(3) 当 $l_{AP} < \sum Z_i$ 时,存在如下两种情况:

① 当 $\sum Z_{i-1} \leqslant l_{AP}$ 时,第 i 层岩层所需材料的质量为:

$$M_{si}=\frac{m\rho t}{\sin\alpha}(n\sin\alpha-\sum Z_{i-1})+\frac{m^2\rho t}{2\tan\alpha}-\frac{[n\sin\alpha+m\cos\alpha-\sum Z_i]^2\rho t}{\sin 2\alpha} \tag{2-8}$$

② 当 $\sum Z_{i-1} > l_{AP}$ 时,第 i 层岩层所需材料质量的计算公式同式(2-5)。

从上述分析的过程可知,实际铺设过程中直接用上述公式求解铺设岩层质量比较繁琐,为提高其实用性,减少繁琐的计算步骤,利用 VB(Visual Basic)语言编程,编写相似模拟质量配比计算软件,软件的开始界面如图 2-11 所示,输入用户名和密码后进入参数输入界面,输入实验参数和具体的岩层编号及厚度,如图 2-12 所示,参数输入完成后点击选择材料按钮，进入材料配比界面，如图 2-13 所示，将不同岩性岩层的配比输入后，点击确定按钮即可进行计算。

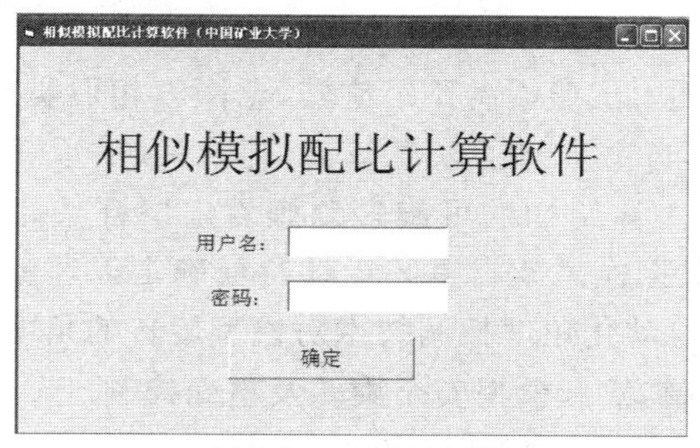

图 2-11　软件界面

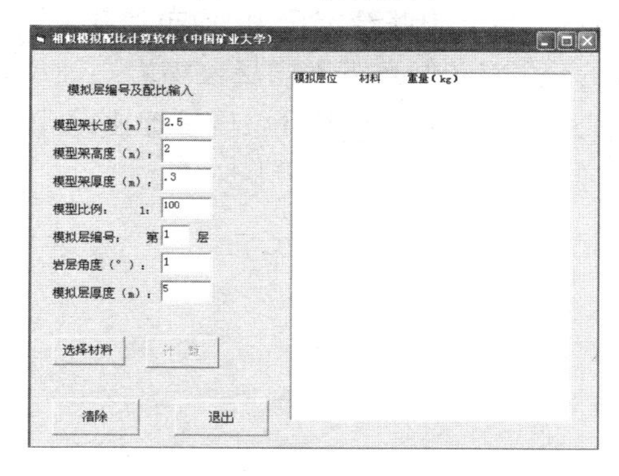

图 2-12　模型参数及各岩层参数输入界面

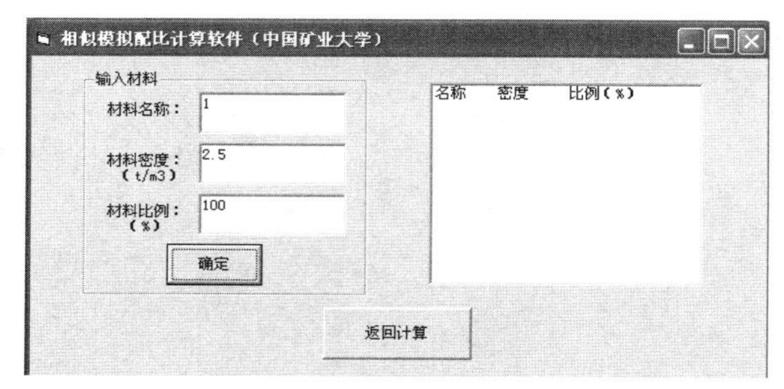

图 2-13　材料密度及比例界面

2.7 本章小结

(1) 针对现有实验设备不可旋转,急倾斜相似实验铺设困难、实验数据误差大,自主研制了以模型架、旋转系统、承载系统和水压伺服加载系统为主体结构的可旋转急倾斜煤层开采相似模拟实验系统,旋转系统根据模型架自重和运动特征确定以环链电动葫芦为动力,通过 PLC 自动化角度控制技术对模型旋转的角度、速度、位移进行自动调节控制,实现模型安全旋转及精确控制。

(2) 为弥补传统加载方法的不足,研发了可移动的水压伺服加载系统,可实现动态精确跟踪给定压力、均布加载。

(3) 分析了不同旋转倾角下不同层位煤岩层铺设所需相似材料质量的计算方法,开发了相似模拟材料质量配比计算软件。

3　急倾斜煤层综采覆岩运移规律研究

分析表明，急倾斜煤层长壁工作面沿走向的采动应力分布同样存在着超前支承应力集中区、减压区和采空区压实稳压区。沿倾斜方向由于采场覆岩所受的重力可分为垂直层面和平行层面的两个分力，且平行层面的分力要大于垂直层面的分力；同时，由于煤层倾角大，工作面上部直接顶垮落后会向采空区下部滚落，对采空区下部进行充填，使工作面下部顶板得到一定的支撑，而工作面上部顶板往往处于悬空状态，形成采场覆岩沿倾斜方向的非对称性受力特点（图3-1），引起采动覆岩离层与垮落呈非对称特征（图3-2），给工作面支架工作阻力确定、采场围岩控制、设备稳定控制造成困难。掌握覆岩受力规律是分析采场覆岩结构特征及矿压显现规律的基础，因此，为确保急倾斜煤层综采工作面的安全开采，必须对采场覆岩的运动规律进行研究。本章将系统利用数值模拟、理论分析和相似模拟手段对工作面顶底板受力和破断结构特征进行研究，为急倾斜长壁综采工作面的覆岩结构稳定控制提供基础。

3.1　采动覆岩应力分布及影响因素的数值模拟研究

3.1.1　采动应力分布规律

掌握急倾斜煤层工作面在采动影响下应力分布规律是分析覆岩变形破断特征的基础，考虑到现场实测整个采动影响范围内围岩的

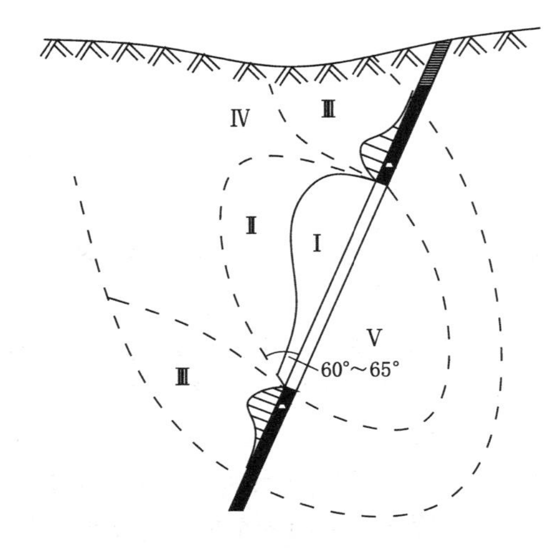

图 3-1　急倾斜煤层开采围岩应力重新分布示意图

Ⅰ——直接顶垮落带；Ⅱ——顶板中的卸压拱；Ⅲ——支承压力区；

Ⅳ——回风巷附近的盆地下沉区；Ⅴ——底板中的卸压区

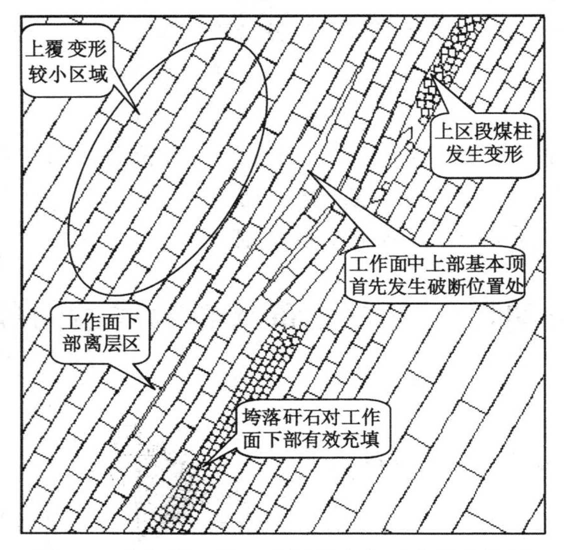

图 3-2　急倾斜工作面采场覆岩非对称垮落特征

应力分布规律难度比较大，而数值模拟研究可以较好地显示采场应力分布规律，且研究过程较为简单、易于再现工作面实际开采过程，为此利用数值模拟软件（$FLAC_{3D}$）建立了急倾斜工作面采场数值计算三维模型，如图 3-3 所示，工作面煤岩的岩石力学参数见表 3-1。

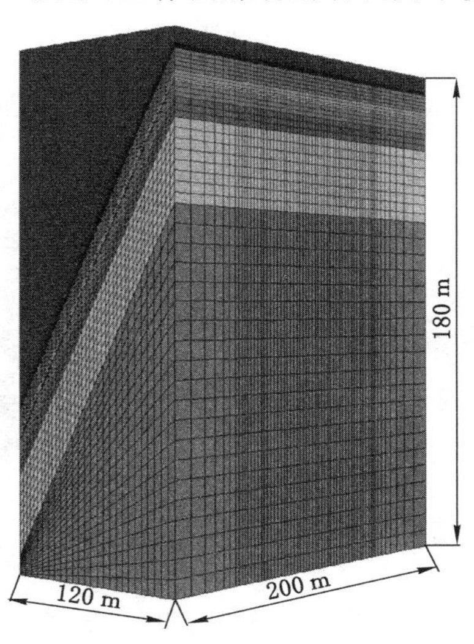

图 3-3　数值计算模型

表 3-1　　　　煤岩物理力学参数

名称	厚度/m	弹性模量/GPa	泊松比	重度/(kN/m³)	内聚力/MPa	内摩擦角/(°)	抗拉强度/MPa
粗砂岩	5.1	10.2	0.244	27.1	7.9	33	3.1
细砂岩	1.3	13.7	0.240	28.3	8.6	38	3.8
粉砂岩	1.1	5.4	0.248	26.5	6.1	31	2.6
煤 $49_{上}$	0.9	2.2	0.380	14.5	2.7	20	1.1
粉砂岩	1.0	5.1	0.248	26.5	6.1	31	2.6
煤 $49_{下}$	2	2.2	0.380	14.5	2.7	20	1.1
粉细砂岩互层	10	6.3	0.246	26.9	7.0	32	2.9

由于急倾斜煤层工作面沿走向的应力分布与水平煤层和倾斜煤层开采相似，本书重点研究沿煤层倾斜方向的采动应力分布规律。以工作面埋深 350 m，煤层倾角 60°，走向长壁综采工作面为开采条件。急倾斜工作面采场的垂直应力、剪切应力和工作面不同位置的超前支承应力分布如图 3-4 和图 3-5 所示。

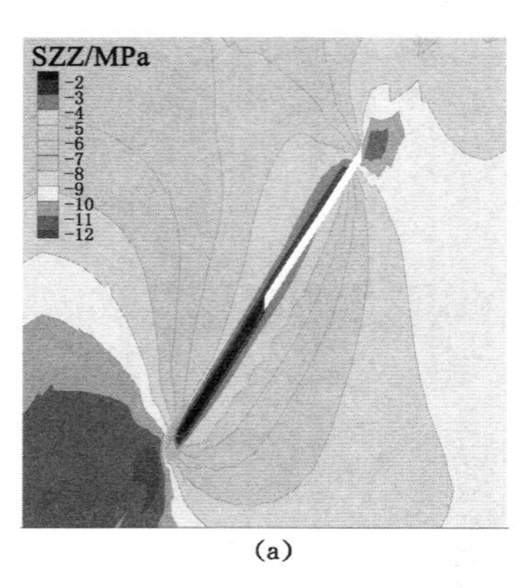

(a)

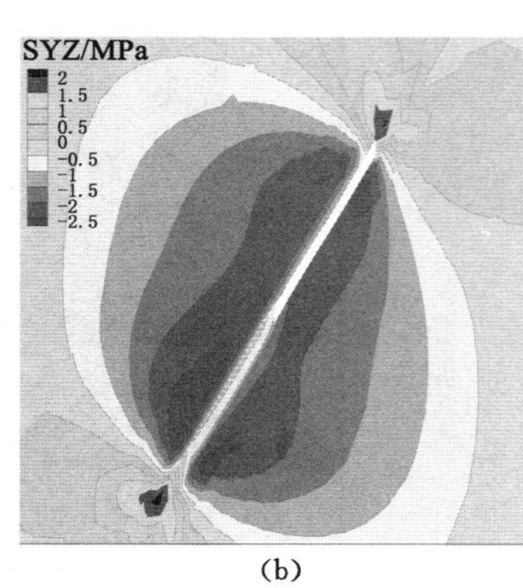

(b)

图 3-4　采场应力分布规律

(a) 垂直应力；(b) 剪切应力

由图 3-4 和图 3-5 可知，急倾斜工作面采动覆岩的应力分布具有如下特征：

(1) 急倾斜工作面沿煤层倾斜方向采动覆岩的垂直应力和剪切应力分布具有明显的不对称性。在采动影响下工作面顶底板的一定范围内处于卸压状态，其中，顶板的卸压等值线沿倾斜方向呈正“耳朵”形，造成工作面上部卸压宽度和高度大，顶板垮落空间大，基本顶断裂后旋转变形大，支架围岩稳定性差；工作面采空区中下部由于垮落煤矸石的充填支撑作用，垂直压力等值线的变化较平缓，支架围岩间相互作用力小；底板的卸压等值线沿倾斜方向呈倒“耳朵”形分布；工作面两端区段煤柱中的垂直应力集中程度处于较高水平，不利于区段煤柱的稳定(尤其是工作面上端头处)。

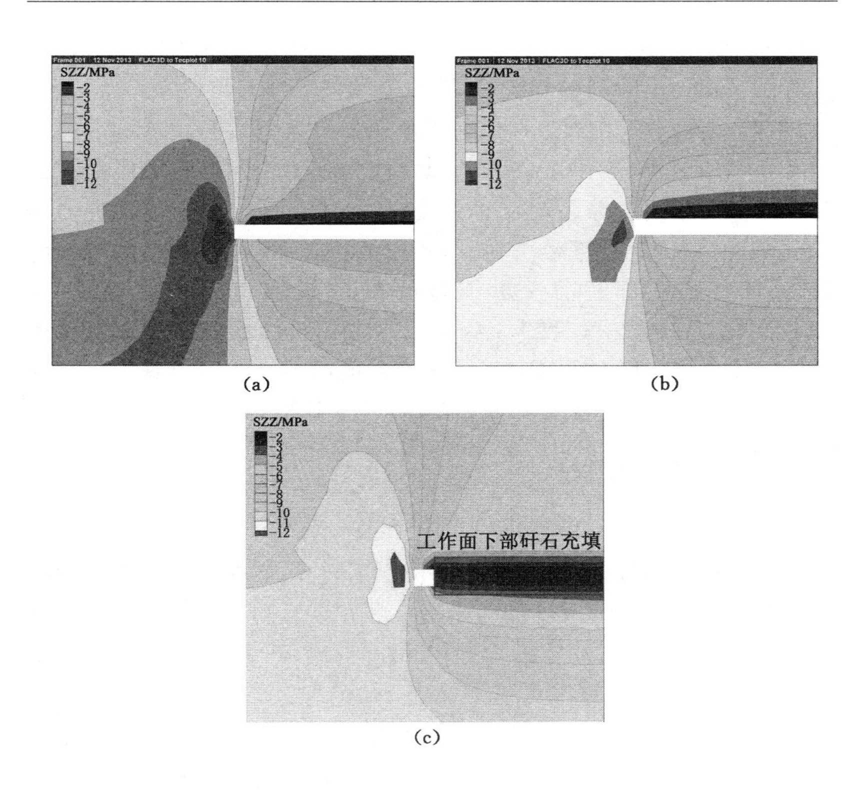

图 3-5 采场超前支承压力分布

(a) 工作面上部;(b) 工作面中部;(c) 工作面下部

(2) 从剪切应力的影响范围看,剪切应力在底板中的影响范围要大于顶板,沿工作面倾斜方向呈“椭圆”形分布,煤层附近的顶底板和区段煤柱中剪切应力水平较高,尤其是工作面上下端头处的顶底板和区段煤柱中。同时,由于煤岩体的抗压强度远小于其抗拉强度,可知急倾斜工作面顶底板和区段煤柱受剪切破坏的危险系数大于压破坏。急倾斜工作面下部采空区由于煤矸石的充填作用抑制了下部顶底板和煤壁的失稳,工作面上端头的顶底板和区段煤柱是主要破坏失稳区域,顶底板和煤柱破坏后要向工作面下部滑动或滚动影响工作面正常生产。此外,区段煤柱失稳后工作面上端头的压力瞬间转移到工作面上端部的煤壁处,造成上端部煤壁片帮严重。

(3) 急倾斜工作面上部超前支承压力最大值为 17 MPa,原岩应力为 9 MPa,应力集中系数 1.9,支承压力在工作面前方的影响范围为 25 m;工作面中部超前支承压力最大值为 14 MPa,原岩应力为 7.8 MPa, 应力集中系数 1.8,支承压力在工作面前方的影响范围为 18 m;工作面下部超前支承压力最大值为 12 MPa,原岩应力为 9.7 MPa, 应力集中系数 1.24,支承压力在工作面前方的影响范围为 12 m。因此,可知急倾斜工作面上部的超前支承压力集中系数和影响范围最大,其次是工作面中部,工作面下部最小。

3.1.2 主要影响因素

(1) 工作面长度对覆岩应力分布的影响规律

工作面煤层倾角一定时,开采长度不同,顶底板和区段煤柱中的应力集中程度、卸压范围(卸压拱高度和宽度)、超前支承压力影响范围都具有不同的分布规律。工作面长度越短,开采扰动范围越小,支架围岩稳定性越好,但工作面单产低,巷道掘进率高,区段煤柱丢煤多,资源回收率低。因此,在急倾斜工作面开采装备水平一定的条件下,研究不同工作面长度开采时覆岩应力分布规律对合理选择工作面长度和采场围岩稳定控制具有积极作用。

调研分析可知,急倾斜综采工作面长度一般不会太长,为此以新铁矿煤层赋存条件为基础,模拟煤层倾角为 60°,工作面长度分别为 40 m、60 m、80 m、100 m、120 m、140 m 条件下采场应力分布特征,结果如图 3-6 和图 3-7 所示。

图 3-6 中,规定“耳朵”形卸压拱拱顶距煤层的距离(h_x)为卸压拱的高度,卸压高度中点的垂直线与卸压拱等值线的交线长度为卸压拱宽度(h_f)。

由图 3-6 和图 3-7 可以得出不同工作面长度条件下采场应力分布规律为:

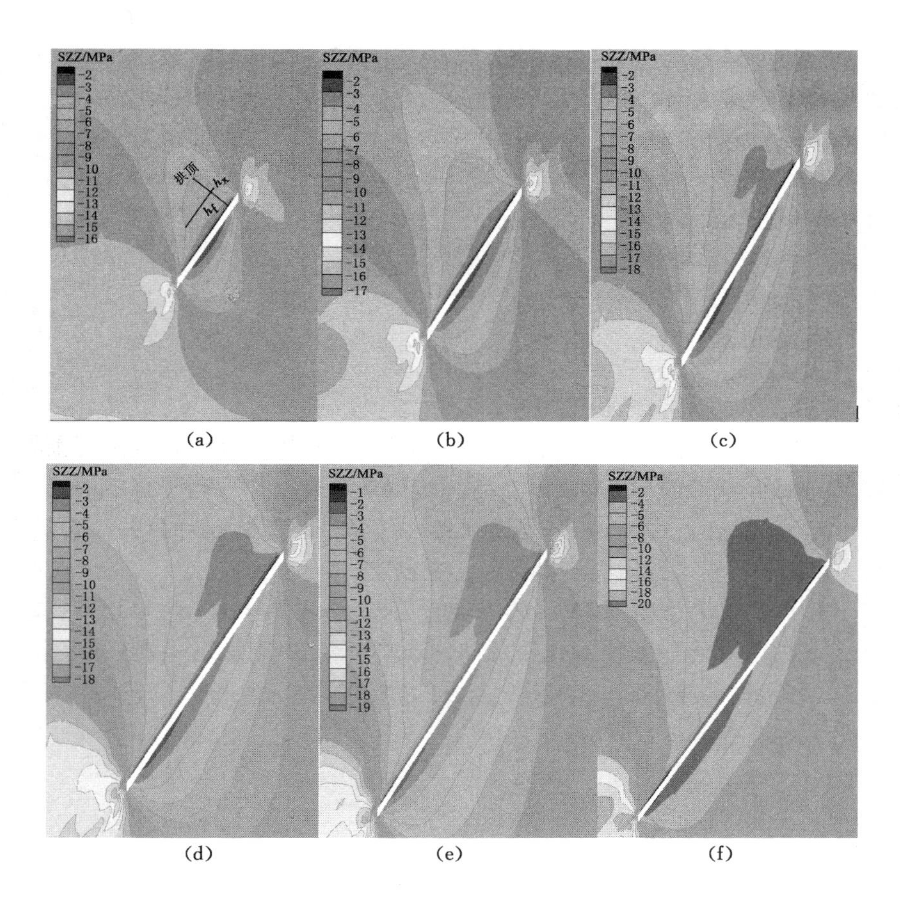

图 3-6 不同工作面长度时覆岩应力分布特征
(a) 40 m;(b) 60 m;(c) 80 m;(d) 100 m;(e) 120 m;(f) 140 m

① 工作面开挖后,采场围岩应力重新分布,工作面长度越长,采动影响范围越大,工作面上、下端头煤柱的应力集中程度越高,可知急倾斜工作面合理长度的选择与煤层的强度、顶底板岩性、区段煤柱的留设尺寸有关,煤柱留设尺寸偏大、煤体和顶底板力学强度较大

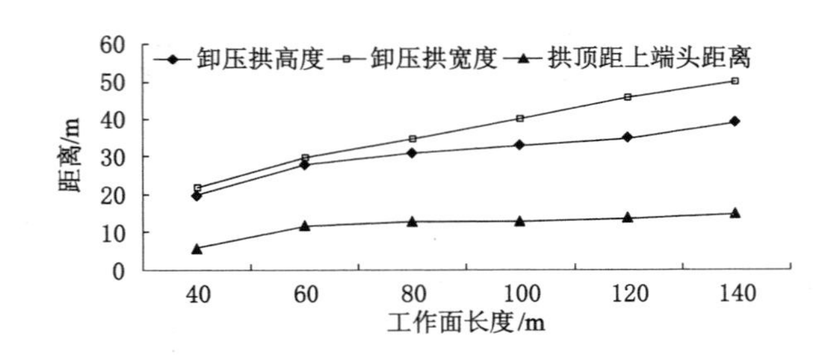

图 3-7　不同工作面长度覆岩卸压范围变化特征

时，工作面长度可以适当增长。

② 随着工作面长度的增加，"耳朵"形卸压拱高度和宽度都逐渐增加，卸压拱拱顶距工作面上端头的距离呈先增加后趋于稳定的变化规律，因此，急倾斜工作面长度越大，工作面上部顶板的运移范围越大，不利于工作面围岩设备稳定控制。

卸压拱高度越高、宽度越小，卸压拱拱顶越尖，因此，可以用卸压拱高度与卸压拱宽度的比值反映卸压拱的尖锐程度，比值越大卸压拱越尖，比值越小卸压拱越扁，卸压拱拱顶的尖锐程度随工作面长度变化规律如图 3-8 所示。

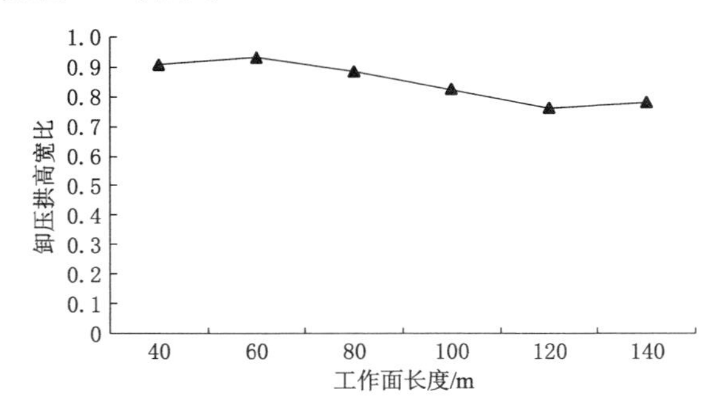

图 3-8　卸压拱尖锐程度变化规律

可以看出研究工作面长度范围内卸压拱的宽度都呈现大于高度的特征，随着工作面长度的增加卸压拱是先变尖后变扁最后趋于稳定。从上述研究范围内的几组数据分析看，当工作面长度大于 60 m 且小于 120 m 时，卸压拱的尖锐程度受工作面长度影响较大；当工作面长度小于 40 m 或大于 120 m 时，卸压拱的尖锐程度受工作面长度影响较小。

(2) 煤层倾角对覆岩应力分布的影响规律

煤层倾角是影响急倾斜煤层开采与近水平或倾斜煤层开采矿压显现差异的根本因素[130-134]，煤层倾角越大，急倾斜工作面受力的非对称特征越明显，矿压显现的非对称性越突出[135-138]。为此，对煤层倾角分别为 45°，50°，55°，60°时采场覆岩应力分布规律进行分析，结果如图 3-9 至图 3-11 所示。

分析得出煤层倾角对采场覆岩应力分布的影响规律为：

① 随着煤层倾角的增大，采空区顶底板中卸压拱的高度和宽度都逐渐减小，且顶板中拱顶变尖上移，底板中拱顶变尖下移，采空区上下方煤岩体垂直应力集中程度降低但垂直应力增高区的范围变大，可以确定工作面倾角越大，工作面上下端(尤其是上端)煤岩体的稳定程度越低，对邻近煤层的破坏作用越大，区段保护煤柱尺寸应增大，工作面长度应变短。

② 随着煤层倾角的增加，采空区顶底板的剪应力大小在逐渐增加的同时等值线由横向的椭圆形向竖向的椭圆形转变，当煤层倾角达到 60°时，整个采空区顶板中剪应力值都已处于较高水平。

③ 从应力分布的最大值看，当工作面倾角为 45°和 50°时，采空区上下部煤岩体中垂直应力最大值分别为 20 MPa 和 19 MPa，剪切应力最大值分别为 5 MPa 和 4.5 MPa，两者相差不大；当工作面倾角达到 55°和 60°时，采空区上下部煤岩体中最大垂直应力值分别为 18 MPa 和 12 MPa，剪切应力最大值分别为 4 MPa 和 2.5 MPa。可知，当工作面煤层倾角大于 55°时，采场覆岩应力分布受倾角影响较大。

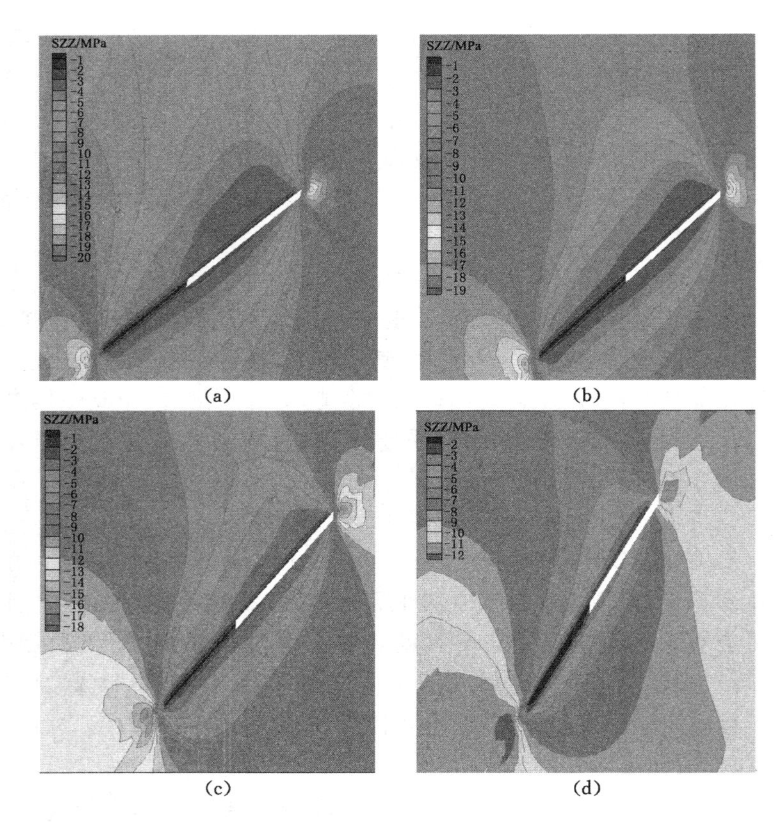

图 3-9　不同倾角时采场覆岩垂直应力分布特征

(a) 45°;(b) 50°;(c) 55°;(d) 60°

3.2　采动覆岩受力变形特征的理论分析

3.2.1　顶板变形特征分析

薄板理论认为,当板的厚度与最小宽度之比大于 1/100～1/80

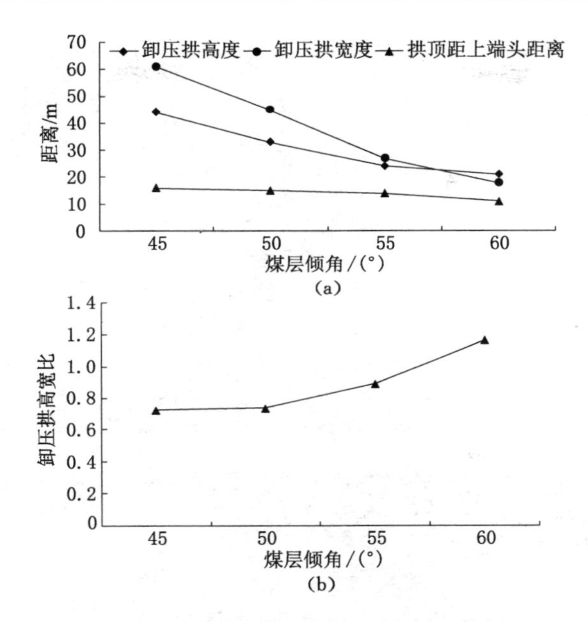

图 3-10 不同倾角时采场覆岩卸压特征

小于 1/8～1/5 时可以看成是薄板。对于工作面顶板厚度与工作面倾向长度或顶板断裂步距满足此条件的煤层,都可以用薄板理论进行分析。新铁矿急倾斜工作面基本顶的厚度为 5.1 m,工作面倾斜长度为 84 m,因此,可以用薄板理论进行分析。

分析可知,急倾斜工作面顶板主要受上覆岩层和采空区下部充填矸石的支撑力作用而产生变形,同时,由于急倾斜工作面煤层倾角大于 45°,上覆岩层受到平行层面分力大于垂直层面分力,此时,平行层面分力作用不可忽略,因而急倾斜工作面顶板的变形是由横向载荷和纵向载荷共同作用产生的。

为了问题求解过程中积分项能够从坐标原点开始,建立如图 3-12 所示的直角坐标系统,顶板沿 x 轴方向(工作面推进方向)宽度为 a,沿 y 轴方向宽度(工作面倾斜长度)为 b,图中,上覆岩层作用力为 q,呈梯形分布,H_s 为工作面上端头煤层埋深,H_x 为工作面下端头

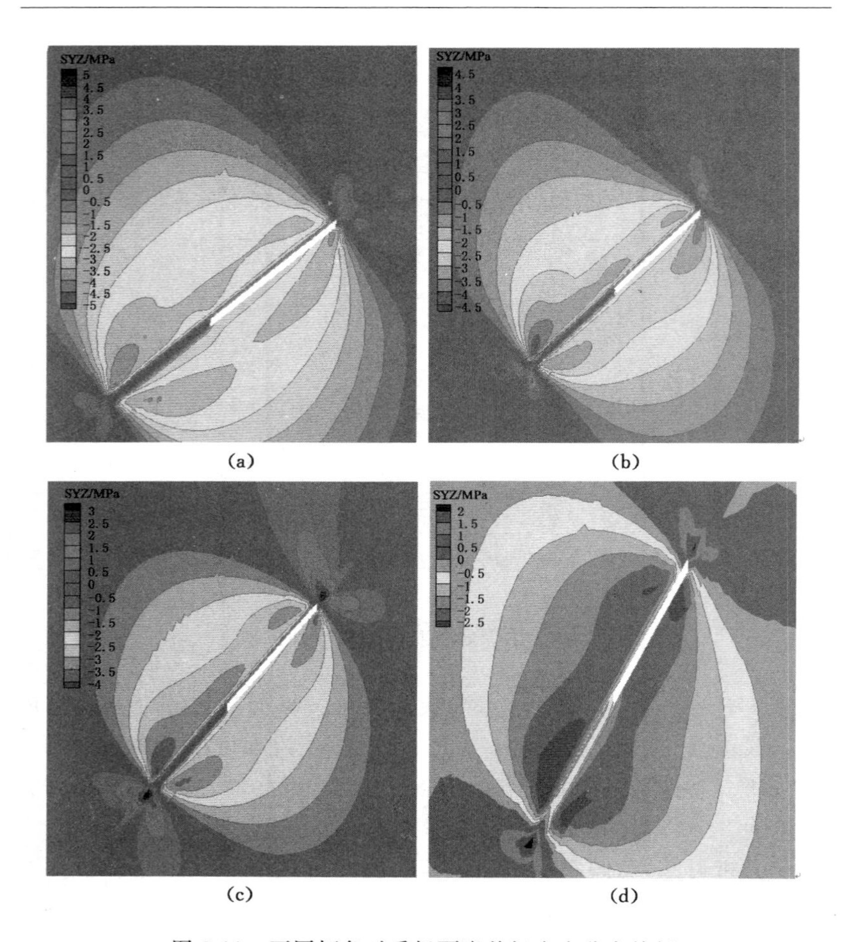

图 3-11 不同倾角时采场覆岩剪切应力分布特征

(a) 45°;(b) 50°;(b) 55°;(c) 60°

煤层埋深，工作面上端头作用力 $q_1=\gamma H_s$，工作面下端头作用力 $q_2=\gamma H_x$，γ 为上覆岩层的平均重度，因此，上覆岩层沿倾斜方向的作用载荷 $q=q_2-(q_2-q_1)y/b$，其垂直层面分量 $q_{11}=q\cos\alpha$，平行层面分量 $q_{12}=q\sin\alpha$，α 为煤层倾角。

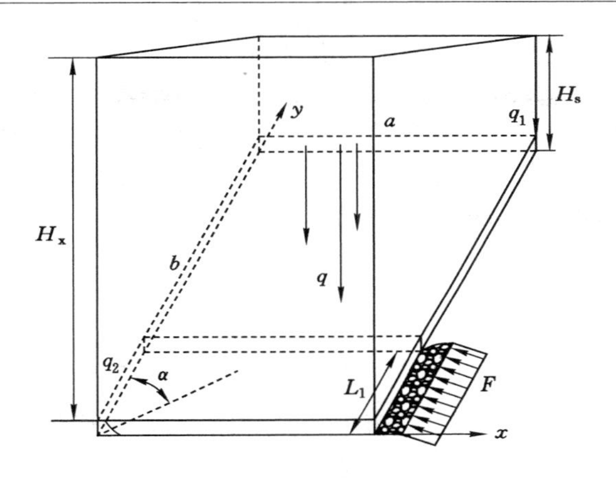

图 3-12　工作面基本顶受力模型

急倾斜工作面采空区下方自溜充填矸石的压缩变形过程是体现上覆岩层受力变形的过程，矸石支撑体和上覆岩层是一种变形协调作用系统，上覆岩层的变形越大矸石受力越大，其压实程度越高，矸石能够提供给顶板的支承作用力越大。对顶板垮落矸石充填体的相关实验研究表明，工作面采空区下部垮落矸石胶结充填体在顶板的作用下处于三向围压条件，具有与围岩体相同的受力变形特征，即弹性变形—屈服—塑性变形—塑性破坏，不同位置充填矸石受到的应力大小与上覆顶板的变形量大小有关。当顶板的挠曲变形量较小时，可采用温克尔—齐母门假设，即单位面积弹性地基所受的反力与该点的挠曲变形量呈正比，因此，在弹性阶段垮落自溜充填矸石承受的载荷可以表示为[64,77]：

$$F = k_1 w \tag{3-1}$$

式中　F——矸石提供的作用力，MPa；

k_1——矸石体的等效弹性系数，MPa/m；

w——上覆基本顶岩层的挠度，m。

假设 q_{11} 对顶板产生的挠度为 w_1，q_{12} 产生的挠度为 w_2，F 产生的挠度为 w_3，由挠度叠加原理可知顶板的总挠度 $w=w_1+w_2+w_3$。

由薄板理论可知,薄板在仅有平行层面载荷作用下产生的变形较小,可以忽略;薄板在垂直层面和平行层面载荷共同作用下平行层面载荷产生的变形,不可忽略。对于垂直层面载荷和平行层面载荷共同作用时平行层面载荷产生的变形,可以认为是先作用垂直层面载荷产生变形 w_1,w_3后再作用平行层面载荷产生变形 w_2。顶板在垂直层面载荷和平行层面载荷作用下薄板变形的静力平衡微分方程为[138,139]:

$$D\nabla^4\omega = q_r + N_x\frac{\partial^2\omega}{\partial x^2} + 2N_{xy}\frac{\partial^2\omega}{\partial x\partial y} + N_y\frac{\partial^2\omega}{\partial y^2} \tag{3-2}$$

式中,$D=Eh^3/12(1-\nu^2)$为薄板的抗弯刚度;E 为弹性模量;h 为薄板厚度;ν 为泊松比;w 为薄板挠曲函数;q_r为作用于薄板的垂直层面载荷;N_x,N_y,N_{xy}为作用于薄板中面内力,其中,$N_x=h\sigma_x$,$N_y=h\sigma_y$,$N_{xy}=h\tau_{xy}$,根据前面分析 w_1,w_2,w_3之间的变形关系有:

$$D\nabla^4\omega_2 = q_{r1} + q_{r3} + N_x\frac{\partial^2\omega_2}{\partial x^2} + 2N_{xy}\frac{\partial^2\omega_2}{\partial x\partial y} + N_y\frac{\partial^2\omega_2}{\partial y^2} \tag{3-3}$$

式中:

$$q_{r1} = N_x\frac{\partial^2\omega_1}{\partial x^2} + 2N_{xy}\frac{\partial^2\omega_1}{\partial x\partial y} + N_y\frac{\partial^2\omega_1}{\partial y^2}$$

$$q_{r3} = N_x\frac{\partial^2\omega_3}{\partial x^2} + 2N_{xy}\frac{\partial^2\omega_3}{\partial x\partial y} + N_y\frac{\partial^2\omega_3}{\partial y^2}$$

因此,问题的求解首先应求得垂直层面载荷产生的变形 w_1 和 w_3。根据经典薄板解法(纳维解法),可假设 w_1的挠曲函数形式为:

$$\omega(x,y) = \sum_{m=1}^{\infty}\sum_{n=1}^{\infty}A_{mn}\sin^2\frac{m\pi x}{a}\sin^2\frac{n\pi y}{b} \tag{3-4}$$

式中,A_{mn}为未知的待定系数,m,n 为任意正整数,可根据级数的收敛程度和工程实际需求精度取不同数据。对于初次开采的急倾斜工作面其顶板四周为固支边界,四边固支边界条件为:

$$(\omega)_{x=0} = \left(\frac{\partial\omega}{\partial x}\right)_{x=0} = 0,(\omega)_{x=a} = \left(\frac{\partial\omega}{\partial x}\right)_{x=a} = 0$$

$$(\omega)_{y=0} = \left(\frac{\partial\omega}{\partial y}\right)_{y=0} = 0,(\omega)_{y=b} = \left(\frac{\partial\omega}{\partial y}\right)_{y=b} = 0$$

显然所设挠度方程式(3-4)满足四边固支边界条件。当只有垂直层面载荷 q_{11} 作用时，$N_x=0$，$N_y=0$，$N_{xy}=0$，将式(3-4)带入式(3-2)求解可得：

$$\pi^4 D\sum_{m=1}^{\infty}\sum_{n=1}^{\infty}(\frac{3m^4}{a^4}+\frac{2m^2n^2}{a^2b^2}+\frac{3n^4}{b^4})A_{mn}\ \sin^2\frac{m\pi x}{a}\ \sin^2\frac{n\pi y}{b}=q_{11} \tag{3-5}$$

为了从式(3-5)中求解 A_{mn}，必须将公式等号右边的载荷 q_{11} 也展开成等号左边的三角函数形式，即：

$$q_{11}=\sum_{m=1}^{\infty}\sum_{n=1}^{\infty}q_{mn}\sin^2\frac{m\pi x}{a}\ \sin^2\frac{n\pi y}{b} \tag{3-6}$$

比较式(3-5)和式(3-6)，可知公式(3-6)中的待定系数为：

$$q_{mn}=\pi^4 DA_{mn}(\frac{3m^4}{a^4}+\frac{2m^2n^2}{a^2b^2}+\frac{3n^4}{b^4}) \tag{3-7}$$

根据式(3-7)可知，只要求得 q_{mn}，则可得 A_{mn}，为此利用式(3-6)，将公式两边同乘以$\sin^2\frac{m'\pi x}{a}$，其中，m'也是任意正整数，并在 $0\sim a$ 范围内对 x 积分，即：

$$\int_0^a q_{11}\ \sin^2\frac{m'\pi x}{a}\mathrm{d}x=\sum_{m=1}^{\infty}\sum_{n=1}^{\infty}q_{mn}\sin^2\frac{n\pi y}{b}\int_0^a\ \sin^2\frac{m\pi x}{a}\ \sin^2\frac{m'\pi x}{a}\mathrm{d}x \tag{3-8}$$

求解式(3-8)整理后在等号两边同乘以$\sin^2\frac{n'\pi y}{b}$，其中，m'也是任意正整数，然后在 $0\sim b$ 范围内对 y 积分，即：

$$\begin{aligned}&\int_0^a\int_0^b q_{11}\ \sin^2\frac{m'\pi x}{a}\ \sin^2\frac{n'\pi y}{b}\mathrm{d}x\mathrm{d}y\\=&\sum_{m=1}^{\infty}\sum_{n=1}^{\infty}q_{mn}\int_0^b\ \sin^2\frac{n\pi y}{b}\ \sin^2\frac{n'\pi y}{b}\mathrm{d}y\int_0^a\ \sin^2\frac{m\pi x}{a}\sin^2\frac{m'\pi x}{a}\mathrm{d}x\end{aligned} \tag{3-9}$$

联立式(3-7)和式(3-9)可以得到：

$$A_{mn}=\frac{\int_0^a\int_0^b q_{11}\sin^2\frac{m\pi x}{a}\ \sin^2\frac{n\pi y}{b}\mathrm{d}x\mathrm{d}y}{\pi^4 D(\frac{3m^4}{a^4}+\frac{2m^2n^2}{a^2b^2}+\frac{3n^4}{b^4})} \tag{3-10}$$

因此，根据式(3-4)和式(3-10)可以得到：

$$\begin{cases}\omega_1 = A_{mn}\sum_{m=1}^{\infty}\sum_{n=1}^{\infty}\sin^2\dfrac{m\pi x}{a}\sin^2\dfrac{n\pi y}{b} \\ A_{mn} = \dfrac{(q_1+q_2)\cos\alpha}{\pi^4 D(\dfrac{3m^4}{a^4}+\dfrac{2m^2n^2}{a^2b^2}+\dfrac{3n^4}{b^4})}\end{cases} \tag{3-11}$$

式(3-1)中上覆岩层产生的变形量与充填矸石的变形量相等，因此，同理可求得(求解过程中 y 方向的积分范围为 $0\sim L_1$)充填矸石作用力 F 对顶板产生的挠度为：

$$\begin{cases}\omega_3 = C_{mn}\sum_{m=1}^{\infty}\sum_{n=1}^{\infty}\sin^2\dfrac{m\pi x}{a}\sin^2\dfrac{n\pi y}{b} \\ C_{mn} = -\dfrac{3(q_1+q_2)k_1\cos\alpha}{64\pi^9 nD^2\,(\dfrac{3m^4}{a^4}+\dfrac{2m^2n^2}{a^2b^2}+\dfrac{3n^4}{b^4})^2}(\dfrac{12L_1 n\pi}{b}-8\sin\dfrac{2L_1 n\pi}{b}+\sin\dfrac{4L_1 n\pi}{b})\end{cases} \tag{3-12}$$

由板的受力变形特征可知，垂直层面载荷产生的变形较平行层面载荷产生的变形要大得多，因此式(3-3)中右边的前两项比后三项大得多，后三项可以省略，式(3-3)可以化简为：

$$D\nabla^4\omega_2 = q_{r1} + q_{r3} = q_{r2} \tag{3-13}$$

根据图3-12建立的坐标系统和薄板的受力变形特征可知，中面位移不受 x 方向和薄板上部的边界条件约束，因此，可以得到中面内力为：

$$\begin{cases}N_x = h\sigma_x = 0 \\ N_y = h\sigma_y = -q_{12}y = (q_2 - \dfrac{q_2-q_1}{b}y)\sin\alpha \\ N_{xy} = h\tau_{xy} = 0\end{cases} \tag{3-14}$$

因此有：

$$q_{r2} = N_y\frac{\partial^2\omega_1}{\partial^2 y} + N_y\frac{\partial^2\omega_3}{\partial^2 y}$$

$$= N_y(A_{mn} + C_{mn})\sum_{m=1}^{\infty}\sum_{n=1}^{\infty}\frac{2\pi^2 n^2}{b^2}\cos\frac{2n\pi y}{b}\sin^2\frac{m\pi x}{a}\sin^2\frac{n\pi y}{b} \tag{3-15}$$

采用前面挠曲变形解法同理可以得到：

$$\begin{cases} \omega_2 = B_{mn}\sum_{m=1}^{\infty}\sum_{n=1}^{\infty}\sin^2\frac{m\pi x}{a}\sin^2\frac{n\pi y}{b} \\ B_{mn} = \frac{3a^8 b^8\cos(q_1+q_2)\sin 2\alpha[(-15+8n^2\pi^2)+(15+4n^2\pi^2)]}{32\ 768\pi^{14}n^2D^3(3b^2m^4+2a^2b^2m^2n^2+3a^2n^4)^3}\times \\ \quad \{4n\pi[-9a^4b^3kL+8D(3b^2m^4+2a^2b^2m^2n^2+3a^2n^4)\pi^4]- \\ \quad 3a^4b^4k(-8\sin\frac{2Ln\pi}{b}+\sin\frac{4Ln\pi}{b})\} \end{cases} \tag{3-16}$$

对于采矿工程问题，当 m 取 1，n 取 1 时完全可以满足顶板变形精度要求，因此，可得急倾斜工作面顶板的挠曲函数方程为：

$$\begin{aligned} \omega &= \omega_1 + \omega_2 + \omega_3 \\ &= (A_{mn} + B_{mn} + C_{mn})\sum_{m=1}^{\infty}\sum_{n=1}^{\infty}\sin^2\frac{m\pi x}{a}\sin^2\frac{n\pi y}{b} \end{aligned} \tag{3-17}$$

新铁矿 $49^{\#}_{下}$ 右六片急倾斜工作面煤层平均倾角 60°，工作面上端头埋深 300 m，下端头埋深 375 m，基本顶厚度 5.1 m，岩层平均重度 γ 取 25 kN/m^3，泊松比 υ 取 0.25，等效弹性系数 k 取 30 MPa/m[140]。结合薄板变形与应力分布的关系，可以求得水平应力与剪切应力的分布关系为：

$$\begin{cases} \sigma_x = -\frac{E}{1-\upsilon^2}(\frac{\partial^2\omega}{\partial x^2}+\upsilon\frac{\partial^2\omega}{\partial y^2}) \\ \sigma_y = -\frac{E}{1-\upsilon^2}(\frac{\partial^2\omega}{\partial y^2}+\upsilon\frac{\partial^2\omega}{\partial x^2}) \\ \tau_{xy} = -\frac{E}{1+\upsilon^2}\frac{\partial^2\omega}{\partial x\partial y} \end{cases} \tag{3-18}$$

将上述参数带入式(3-17)并结合式(3-18)可以得出急倾斜工作面顶板初次破断前应力分布如图 3-13 所示。

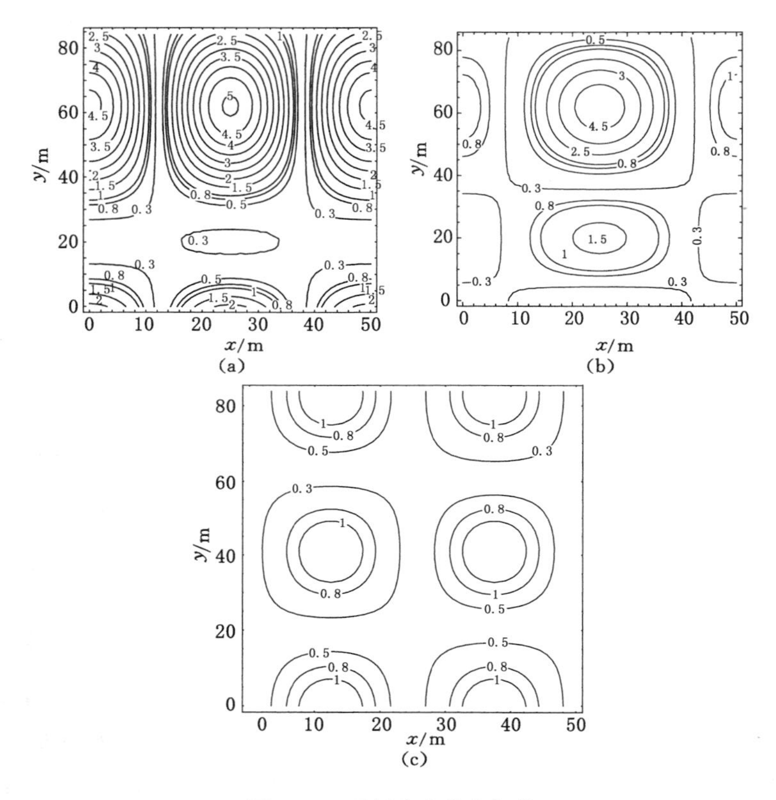

图 3-13　顶板应力分布规律

(a) σ_x；(b) σ_y；(c) τ_{xy}

从图 3-13 可以看出，急倾斜工作面顶板中水平应力沿工作面倾斜方向分布具有明显的不对称性，沿走向方向水平应力关于顶板走向中线对称分布，工作面采空区下部由于矸石的充填作用水平应力较小，工作面中上部由于采空区的悬顶作用水平应力较大，沿走向（x 轴方向）的水平应力 σ_x 比沿倾向的水平应力 σ_y（y 轴方向）大，水平应力最大值位于工作面上部悬空顶板的中部，工作面中上部走向煤壁处（工作面前方煤壁处和工作面后方采空区煤壁处）出现水平拉应力作用；剪切应力呈现区域集中分布，沿工作面倾斜方向呈反对称分布，最大点位于各剪切应力集中区的中部。

强度准则表明材料的破断首先出现在最大主应力或最大剪切应力点处，主应力与平面应力存在如下关系：

$$\left.\begin{matrix}\sigma_{\max}\\ \sigma_{\min}\end{matrix}\right\}=\frac{\sigma_x+\sigma_y}{2}\pm\sqrt{\frac{(\sigma_x-\sigma_y)^2}{2}+\tau_{xy}^2}$$

$$\tau_{\max}=\frac{\sigma_{\max}-\sigma_{\min}}{2} \tag{3-19}$$

因此，可以得到急倾斜工作面顶板最大主应力和最大剪切应力分布规律如图 3-14 所示，图中，正值表示压作用力，负值表示拉作用力。

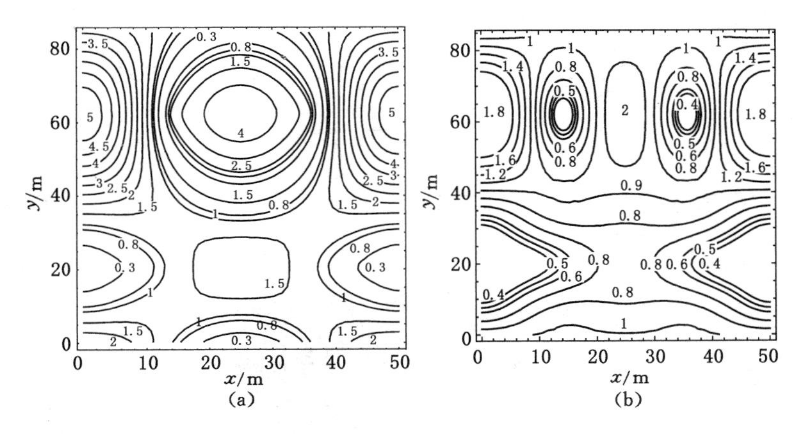

图 3-14　顶板最大破坏应力分布特征

(a) 最大主应力；(b) 最大剪切应力

结合图 3-14 可知，急倾斜工作面中上部(悬顶空间)前方煤壁和工作面后方煤壁为最大主应力集中区，且为拉应力，工作面中上部(悬顶空间)前方煤壁和工作面后方煤壁、中上部顶板和中下部垮落矸石接触处为最大剪切应力集中区。

由于岩石的抗拉强度远小于岩石的抗压强度，同时，岩石的抗拉强度和抗剪强度不确定，结合上述应力分布特征，确定急倾斜工作面中上部前方煤壁和后方煤壁、中上部顶板和中下部垮落矸石接触处可能先出现拉伸或剪切破坏，三处破断裂纹贯通后将形成“U”字形自下而上扩展，如图 3-15 所示。

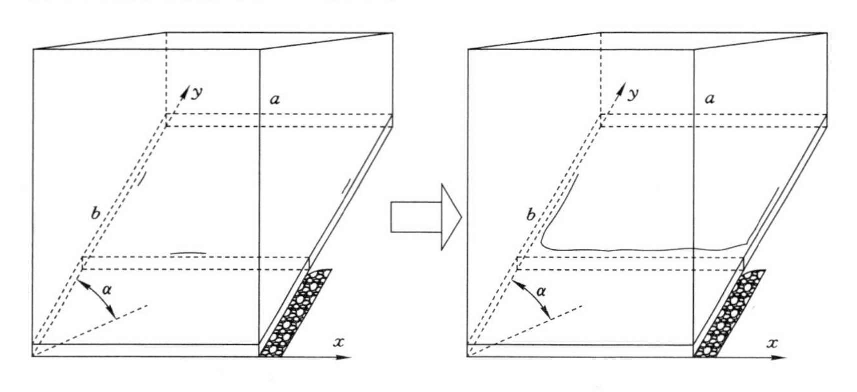

图 3-15　顶板破断裂纹扩展形式

上述分析表明，急倾斜工作面上部顶板的变形量要大于工作面中下部，顶板的挠度变形如图 3-16 所示。

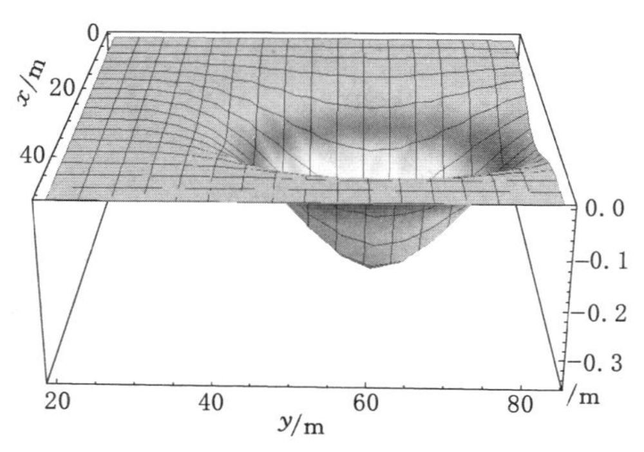

图 3-16　顶板挠度特征

3.2.2　底板变形特征分析

随着煤层倾角的增大，急倾斜工作面底板也会产生变形失稳。当工作面底板破断之前沿整个工作面方向底板都处于同一受力状态，为分析急倾斜工作面底板的受力变形规律，沿煤层的倾斜方向可以将底板简化为一倾斜的梁[77,141]。梁的初等理论分析要求小变形，且梁的弯曲变形不影响梁的受力变化，即要求梁的抗弯刚度很大，但由于全国各地急倾斜煤层的赋存特征差异较大，煤层底板岩层的岩性种类繁多，显然此种求解方法不适用于急倾斜煤层底板岩梁的简化模型。

对于梁的抗弯刚度小，变形较大时，轴力引起梁的弯曲变形不能忽略，尤其是当轴力为压力作用时。急倾斜煤层工作面，煤层倾角大于 45°，底板沿岩层层面的分力大于垂直层面的分力，因此，沿层面分力产生的变形不能忽略，对于此种条件下梁的受力变形问题可以通过梁—柱理论求解[141,142]，梁—柱理论认为，在轴向力和横向力作用下梁的弯矩、应力及挠度并不与轴向载荷成比例。

根据急倾斜综采工作面煤层的赋存特征及采动应力分布特点可知，急倾斜工作面下部的底板受到多因素约束，如工作面下方的实体煤壁、采空区下方被压实的充填矸石等，因此，可认为梁的下端部受固支边界条件；工作面上部由于区段煤柱的片帮失稳、岩层滑移错动、顶板的破碎冒落等影响，上端头的底板受采动影响程度远大于下端头底板，底板变形后可沿工作面倾斜方向产生滑移，在倾斜方向受约束作用较小，即简支可滑动约束。为此，急倾斜工作面底板的受力变形模型可简化为如图 3-17 所示的滑动受力模型，底板只可沿层面向上变形。图中，P 为上覆岩层对底板作用的轴向力；q_3 为底板的重力沿垂直层面的力；q_4 为底板的重力沿平行层面的分力；F 为采空区下方垮落充填矸石对底板的作用力；x 轴方向沿层面布置；y 轴方向垂直于层面布置。

根据图 3-17 所示的受力特征可知，沿 x 轴方向（工作面底板的

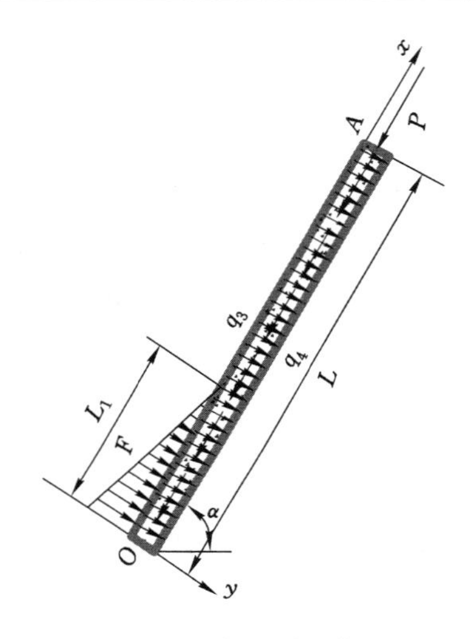

图 3-17　底板受力模型

倾向)的底板在 $O \sim L_1$ 和 $L_1 \sim L$ 区段具有不同的弯矩表达式,因此,要对问题进行求解,利用梁—柱理论分析时应分为两段,即 $O \sim L_1$ 区间内的微元体受底板采空区下部充填矸石的作用力,$L_1 \sim L$ 区段内的微元体不受采空区下部充填矸石的作用力。分别取与梁的原轴线方向垂直的微元体 $\mathrm{d}x$,如图 3-18 所示,其中,M_1 为底板岩层弯曲作用下在微元体两端产生的弯矩,τ 为微元体两端的剪切力。当力的作用点在坐标轴的正方向且作用方向与坐标轴正向一致时为正,当力的作用点在坐标轴的负方向且作用方向与坐标轴正向相反时为正;对于弯矩,当作用点在坐标轴正方向,拉应力产生的弯矩为正。

对图 3-18 所示的受力进行求解,图中底板的载荷、剪力和弯矩之间关系可通过 y 方向力的平衡求得:

$$-\tau + F\mathrm{d}x + (\tau + \mathrm{d}\tau) = 0 \tag{3-20}$$

式(3-20)中当 F 为零时即为图 3-18(b)的受力情况,化简得:

$$F = -\frac{\mathrm{d}\tau}{\mathrm{d}x} \tag{3-21}$$

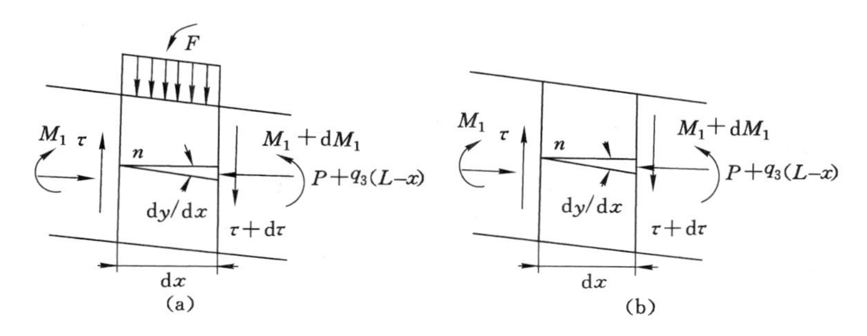

图 3-18　底板单元体受力分析

(a) $O \sim L_1$区间;(b) $L_1 \sim L$ 区间

对 3-18(a)中的点 n 取矩,并假设微元体在 $\mathrm{d}x$ 段内的转角很小,得到:

$$M_1 + F\mathrm{d}x\frac{\mathrm{d}x}{2} + (\tau + \mathrm{d}\tau)\mathrm{d}x - (M_1 + \mathrm{d}M_1) + [P + q_3(L - x)]\frac{\mathrm{d}y}{\mathrm{d}x}\mathrm{d}x = 0 \tag{3-22}$$

略去二阶微项,可得:

$$\tau = \frac{\mathrm{d}M_1}{\mathrm{d}x} - [P + q_3(L - x)]\frac{\mathrm{d}y}{\mathrm{d}x} \tag{3-23}$$

若忽略剪切变形及梁的轴向变形的影响,则梁轴向的曲率可表示为:

$$EI\frac{\mathrm{d}^2 y}{\mathrm{d}x^2} = - M_1 \tag{3-24}$$

EI 为梁在 xOy 平面内的弯曲刚度,结合式(3-21)、式(3-23)、式(3-24)可得:

$$EI\frac{\mathrm{d}^4 y}{\mathrm{d}x^4} + [P + q_3(L - x)]\frac{\mathrm{d}^2 y}{\mathrm{d}x^2} + q_3\frac{\mathrm{d}y}{\mathrm{d}x} = F \tag{3-25}$$

式(3-25)即为梁的弯曲变形微分方程。一般情况下,对上述微分方程直接求解其精确解比较困难,弹性力学中提供一种瑞利—里兹法求其近似解,此方法是一种能量法,首先要求假设一个满足梁的边界条件的挠度方程,根据能量守恒原理求得挠度方程的待定系数。

结合瑞利—里兹法可假设梁的扰度方程为：

$$y = \sum a_n x^{n+1}(L - x) \tag{3-26}$$

由图 3-17 可知，急倾斜工作面底板岩梁的边界条件是，$x=0$：$y=0$，$y'=0$；$x=L$：$y=0$，$y''=0$，显然上述所设挠度方程满足梁的边界条件。对于采矿工程问题，上述挠度方程取其第一项即可满足要求[77]，即：

$$y = a_1 x^2 (L - x) \tag{3-27}$$

则有：

$$\begin{cases} y' = 2a_1 xL - 3a_1 x^2 \\ (y')^2 = 4a_1^2 x^2 L^2 - 12a_1^2 x^3 L \\ y'' = 2a_1 L - 6a_1 x \\ (y'')^2 = 4a_1^2 L^2 - 24a_1^2 xL + 36a_1^2 x^2 \end{cases} \tag{3-28}$$

梁因弯曲产生的总变形能为[143]：

$$\begin{aligned} U_{总} &= \frac{EI}{2}\int_0^L (y'')^2 \mathrm{d}x = \frac{EI}{2}\int_0^L (4a_1^2 L^2 - 24a_1^2 xL + 36a_1^2 x^2)\mathrm{d}x \\ &= 2EIa_1^2 L^3 \end{aligned} \tag{3-29}$$

沿梁的轴线方向微元体 $\mathrm{d}x$ 在外力作用下变为 $\mathrm{d}s$，则变化量为：

$$\mathrm{d}x - \mathrm{d}s = -\sqrt{1 + (y')^2}\,\mathrm{d}x = -\frac{1}{2}(y')^2 \mathrm{d}x \tag{3-30}$$

轴力 P 作用下梁产生的变形能为：

$$\begin{aligned} U_1 &= -\int_0^L P\frac{1}{2}(y')^2 \mathrm{d}x = -\int_0^L P\frac{1}{2}(4a_1^2 x^2 L^2 - 12a_1^2 x^3 L)\mathrm{d}x \\ &= \frac{5}{6}Pa_1^2 L^5 \end{aligned} \tag{3-31}$$

底板在重力作用下产生的变形能为：

$$\begin{aligned} U_2 &= \frac{1}{2}\int_0^L -q_3(L - x)(y')^2 \mathrm{d}x - \int_0^L q_4(L - x)y\mathrm{d}x \\ &= \frac{2}{15}q_3 a_1^2 L^6 - \frac{1}{30}q_4 a_1 L^5 \end{aligned} \tag{3-32}$$

采空区下部充填矸石的作用力与底板的变形方向相反，因此，充填矸石作用力产生的变形能为负，当充填矸石的作用范围为 $O \sim L_1$ 时，可得：

$$U_3 = -\int_0^{L_1} k_1 y \times y \mathrm{d}x = \frac{k_1}{3} a_1^2 L L_1^6 - \frac{k_1}{5} a_1^2 L^2 L_1^5 - \frac{k_1}{7} a_1^2 L_1^7 \tag{3-33}$$

根据能量守恒，即外力做功的总和与底板岩梁的变形能增加量相等，联立式(3-29)、式(3-31)、式(3-32)、式(3-33)可得：

$$a_1 = \frac{q_4 L^5}{25PL^5 + 4q_3 L^6 + 10k_1 L L_1^6 - 6k_1 L^2 L_1^5 - \frac{30k_1}{7} L_1^7 - 60EIL^3} \tag{3-34}$$

当底板岩层的厚度为 H_d，工作面上端头埋深为 H_s 时，式中，$P = \gamma H_s \sin\alpha$，$q_3 = \gamma H_d \sin\alpha$，$q_4 = \gamma H_d \cos\alpha$，将上述数据带入式(3-34)可得急倾斜工作面底板的挠度方程为：

$$y = \frac{\gamma H_d \cos\alpha L^5 x^2 (L - x)}{25\gamma H_s L^5 + 4\gamma H_d \sin\alpha L^6 + 10k_1 L L_1^6 - 6k_1 L^2 L_1^5 - \frac{30k_1}{7} L_1^7 - 60EIL^3} \tag{3-35}$$

岩石材料的重要特性是脆性，岩梁因弯曲变形产生的拉应力对岩梁的破坏作用明显，因此，一般情况下岩梁在轴向力作用下主要破坏形式是弯曲产生的拉破坏。假设岩梁中能够产生的最大拉应力为 σ_{tm}，岩梁的抗拉强度为$[\sigma_t]$，当 $\sigma_{tm} > [\sigma_t]$时岩梁破坏。由此可知，岩梁的最大挠度点处拉伸变形最大，产生的拉应力最大，因此有：

$$\sigma_{tm} = E\varepsilon_m = 2Ea_1 L h_d \tag{3-36}$$

因此，可以得到底板岩层的最大破坏深度为：

$$h_d = \frac{[\sigma_t]}{2Ea_1 L} \tag{3-37}$$

以新铁矿 $49_{下}^{\#}$ 右六片急倾斜工作面为例，工作面长度 84 m，采空区下部垮落矸石充填带宽度 67 m，上端头埋深 300 m，工作面煤层倾角平均 60°，岩层平均重度 γ 取 25 kN/m^3，等效弹性系数 k 取

30 MPa/m[140]，直接底板岩层厚度 10 m，将工作面实际参数带入式(3-35)可以得到煤层倾角与工作面长度之间的变化关系(见图 3-19)、煤层倾角与工作面底板岩梁破坏深度的关系(见图 3-20)、工作面长度与底板破坏深度的关系(见图 3-21)。

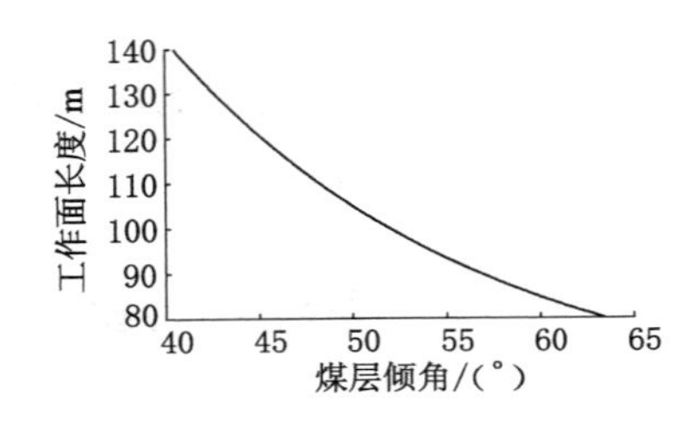

图 3-19　煤层倾角与工作面长度变化关系曲线

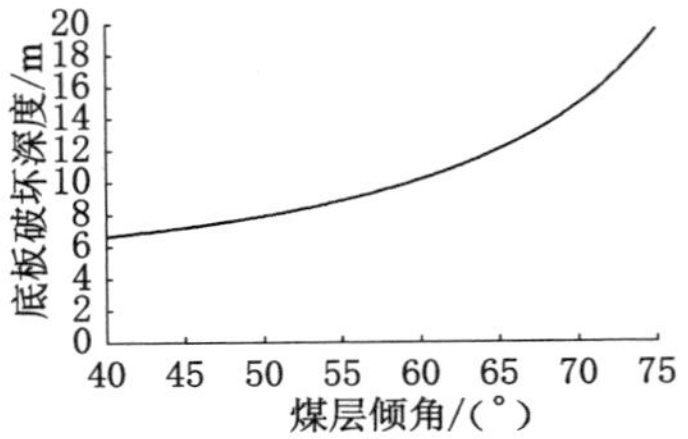

图 3-20　煤层倾角与底板破坏深度关系曲线

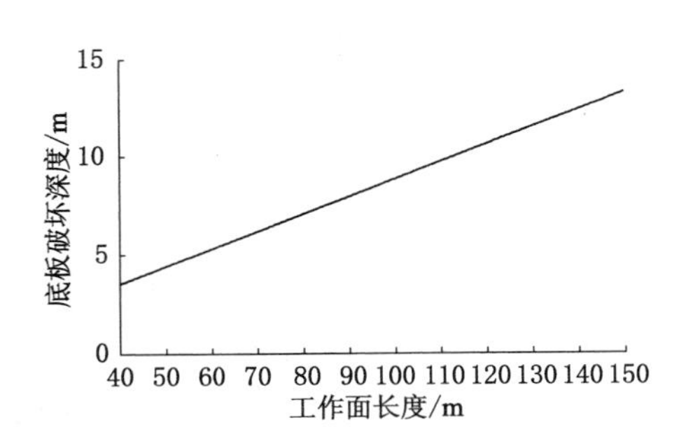

图 3-21　工作面长度与底板破坏深度关系曲线

由图 3-19、图 3-20 和图 3-21 可以得出，随着工作面煤层倾角的增大，工作面长度应相应减小，当工作面煤层倾角为 60°时合理工作面长度在 80～90 m，当煤层倾角为 45°时工作面长度可以增加到 110～120 m。工作面长度与底板破坏深度之间呈线性正比关系，煤层倾角与底板破坏深度之间呈非线性正比关系。当煤层倾角小于 55°时，底板破坏深度受煤层倾角的影响较小；当煤层倾角大于 55°时，底板破坏深度受煤层倾角的影响较大。对于新铁矿

$49^{\#}_{\text{下}}$右六片急倾斜煤层工作面底板破坏深度在 7 m 左右，实际工作面直接底板为 10 m 厚的粉细砂岩互层，因此，工作面开采过程中底板岩层不会发生破断，现场实践也表明并没有因底板岩层破断影响工作面正常生产。

3.3　相似模拟研究内容及模型设计

相似材料模拟研究模型是用与实际煤岩层相似的人工材料，根据煤矿实际开挖空间大小与实验室允许实验模型尺寸，按一定的相似比例缩放铺设而成的研究模型。相似材料模拟研究除了能够再现实际工作面开采覆岩运动过程，还具有实验周期短、观测过程直观明了、数据准确可靠等优点，模拟结果可以指导理论分析、验证数值模拟结果的正确性，并对实际开采过程存在的客观影响因素进行预测，此研究方法在采矿工程研究中应用广泛。为直观反映急倾斜煤层开采上覆岩层的变形、垮落规律，以新铁矿 $49^{\#}_{\text{下}}$右六片急倾斜工作面煤层赋存为条件，利用自主研制的可旋转急倾斜煤层开采相似模拟实验平台，对采场覆岩运动过程的受力、变形和破断结构特征进行研究。

3.3.1　相似模拟研究的内容

相似模拟研究的主要内容如下：

(1) 研究急倾斜煤层开采过程中工作面不同区域(上部、中部、下部)直接顶、基本顶的破断结构特征以及采场高位岩层的离层发育特征，顶板破断后上覆岩层的“三带”发育规律。

(2) 急倾斜工作面开采后，采空区垮落矸石的充填压实特征以及充填矸石对上覆岩层变形破断的影响规律。

(3) 分析工作面区段煤柱的受力变形规律，确定巷道围岩控制的重点区域，研究区段煤柱、煤壁、巷道以及工作面上部大范围内顶板联动失稳机理。

3.3.2 相似模拟研究模型设计

相似模拟实验设计时应根据现场实际开采条件与实验室实验条件,制定相应的几何相似比、动力相似比、不同岩性岩层的相似材料重度比等。根据实际条件确定几何相似比为 $C_l=1:100$,重度相似比为 $C_\gamma=1.7:2.7$,煤层倾角 60°。实际开采工作面尺寸为 84 m(长)×1.7 m (高),研制模型的尺寸为 2.5 m(长)×0.3 m(宽)×2 m(高),完全可以满足实验要求。实验过程中对于顶底板岩层受到的应力与产生的位移分别用应力计(TSW—50)和位移计(GY—1)进行监测,利用静态电阻应变仪(TS3890)对监测数据进行采集。实验过程中的监测点布置如图 3-22 所示,图中,分别对每个监测点的应力和位移进行监测,顶板中的监测层位分别为直接顶和基本顶,考虑到需对区段煤柱的受力变形规律进行研究,图 3-22 中 17 号测点布置在区段煤柱中。

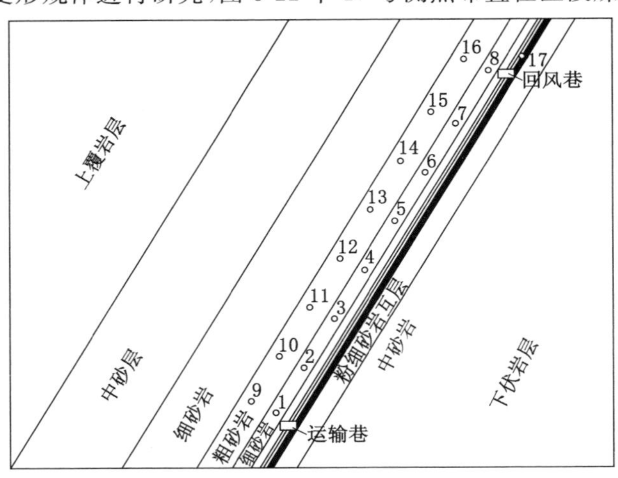

图 3-22　相似模拟实验监测点布置

相似材料主要由骨料和胶结物两部分组成,其中,骨料主要有:黄沙、石子、云母片,胶结物主要有:碳酸钙、石膏、水、水泥,相似模拟研究中各岩层所需材料配比见表 3-2，新铁矿 49$^{\#}_{下}$右六片急倾斜工作面煤层综合柱状如图 3-23 所示。相似实验模型铺设过程中旋转实物图对比如图 3-24 所示。

表 3-2　　相似模拟材料配比

序号	岩性	厚度/m	配比	重度/(kN/m^3)	总质量/kg	沙子/kg	$CaCO_3$/kg	石膏/kg	水/kg	分层层数
1	泥岩	20.5	582	25.30	23.01	19.17	3.07	0.77	3.29	2
2	粉砂岩	18.6	646	24.43	58.63	50.26	3.35	5.03	8.38	1
3	中砂岩	16.3	346	26.10	87.06	65.29	8.71	13.06	12.44	1
4	细砂岩	19.2	346	26.17	141.42	106.06	14.14	21.21	20.20	1
5	碳质泥岩	16.1	746	25.23	145.37	127.20	7.27	10.90	20.77	2
6	粗砂岩	10.4	673	24.77	106.91	91.64	10.69	4.58	15.27	1
7	中砂岩	13.6	637	25.43	149.77	128.37	6.42	14.98	21.40	1
8	粉砂岩	10	873	40.55	114.13	101.45	8.88	3.80	16.30	1
9	煤	2	837	3.41	11.82	10.51	0.39	0.92	1.69	1
10	粉砂岩	1	346	24.41	10.57	7.93	1.06	1.59	1.51	1
11	煤	0.9	782	13.65	5.32	4.66	0.53	0.13	0.76	1
12	粉砂岩	1.1	646	25.64	12.21	10.47	0.70	1.05	1.74	1
13	细砂岩	1.3	346	25.76	14.49	10.87	1.45	2.17	2.07	1
14	粗砂岩	5.1	673	26.54	58.62	50.25	5.86	2.51	8.37	1
15	细砂岩	14.3	737	26.39	163.39	142.96	6.13	14.30	23.34	2
16	中砂岩	12.6	655	26.14	142.63	122.25	10.19	10.19	20.38	2
17	泥岩	11.7	864	25.30	128.18	113.93	8.55	5.70	18.31	2
18	粗砂岩	6.4	546	26.78	74.21	61.85	4.95	7.42	10.60	1
19	粉砂岩	13.5	855	26.36	154.11	136.98	8.56	8.56	22.02	1
20	细砂岩	26.7	737	25.48	291.67	255.21	10.94	25.52	41.67	3
21	中砂岩	21.5	637	25.76	196.53	168.46	8.42	19.65	28.08	3
22	泥岩	18.1	791	25.30	123.24	107.84	13.86	1.54	17.61	3
23	粗砂岩	24.3	664	26.36	113.58	97.35	9.74	6.49	16.23	4
24	碳质泥岩	29.3	773	25.52	45.84	40.11	4.01	1.72	6.55	4

层位	柱 状	岩性	厚度/m	岩 性 描 述
基本顶		粗砂岩	5.1	灰白色、局部含砾
		细砂岩	1.3	灰色、块状
直接顶		粉砂岩	1.1	灰黑色、上部有薄煤线
		煤($49^{\#}_{上}$)	0.9	黑色、块状或鳞片状,节理发育
煤层		粉砂岩	1	灰白色、硬度中等,层理发育
		煤($49^{\#}_{下}$)	1.7	黑色、鳞片状
老底		粉细砂岩互层	10	深灰色、较硬

图 3-23 煤层综合柱状图

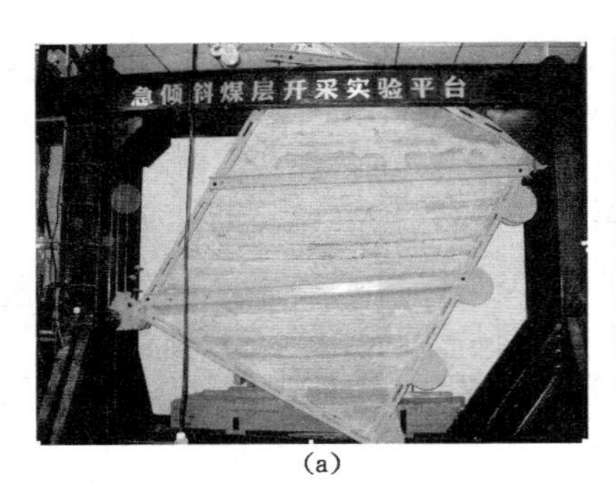

(a)

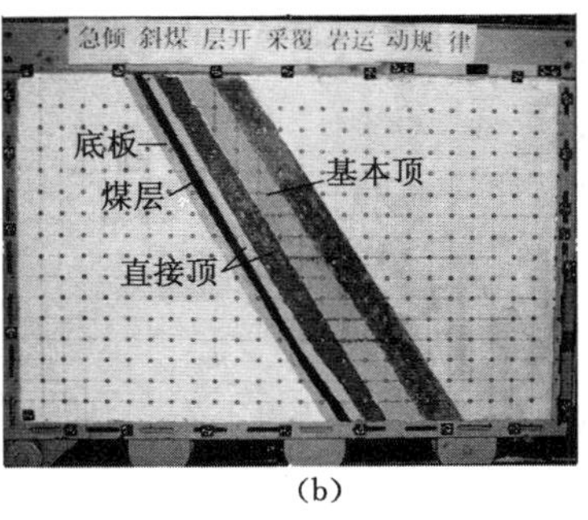

(b)

图 3-24 相似实验模型铺设实物图

(a) 模型架旋转后铺满材料;(b) 铺设材料风干后模型架旋转到水平状态

3.4　直接顶运移空间结构特征

3.4.1　直接顶下滑充填特征

急倾斜综采工作面割煤是自上而下，移架是自下而上进行，因移架后采空区后方顶板失去支撑，因此，工作面直接顶破断首先出现在工作面的下部(见图 3-25)，且随着支架由下而上移架逐渐向上发展，其破坏方式为：离层—弯曲—变形—破断—垮落。一般情况下，当工作面直接顶由几层岩层组成时，且其垮落难易程度随距煤层距离的增加而增加，此时工作面上部直接顶的垮落高度与宽度明显要大于下部，其原因是，随着支架的前移在整个工作面范围内极易垮落直接顶能够由下而上及时垮落，在垂直层面分力的作用下，工作面中上部破断垮落的直接顶会向采空区下部滑落，对下部采空区进行自溜充填，抑制下部直接顶的进一步垮落，而上部的垮落矸石由于不能停留在原地，上部顶板破断后得不到垮落矸石的支撑作用，加剧了其破断—失稳—垮落，因此，急倾斜工作面顶板垮落特征类似于工作面上部采高增加、下部采高减小的煤层开采呈现出的特征，即采场下部的直接顶岩层比中上部的能较早地处于相对稳定状态，中部的直接顶也比上部的能更早地处于稳定。

当工作面继续推进和放顶时，即使移架后的直接顶板不能随即垮落，采空区倾斜上方已垮落的部分矸石也能及时滚落下来对移架形成的采空区进行充填，因此对于采空区中部区域顶板具有“充填—卸载—充填”的特征，即：顶板初始垮落时中部顶板能够得到充填，随着工作面的移架中部已堆积矸石会部分向下部滑移，采空区中部顶板会处于临时卸载状态，但随着上部顶板的周期性垮落很快又能得到二次充填矸石的支撑作用。

根据静力学知识可知，垮落矸石能够产生滑动的条件是 $\tan\alpha>f$(f 为垮落矸石与采空区底板的动摩擦系数)，一般情况下 $f=$

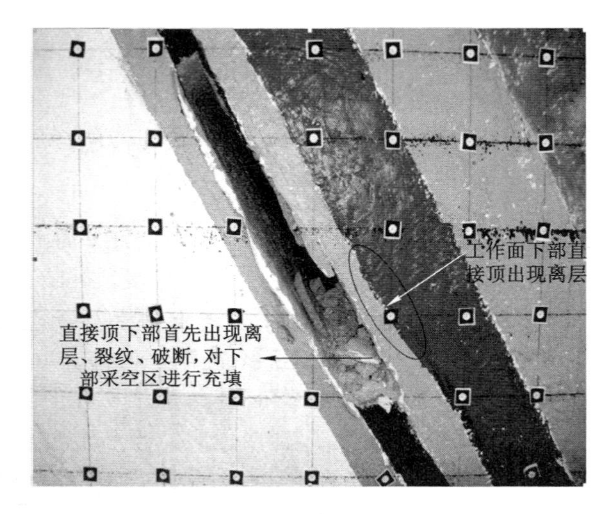

图 3-25 急倾斜工作面采空区下部直接顶离层、垮落特征

0.6～0.7，即当 $\alpha>31^{\circ}\sim35^{\circ}$ 时，垮落矸石将产生滑落，且煤层倾角 α 越大，垮落矸石的滑动程度越剧烈。

3.4.2 直接顶的“耳朵”形承载壳体结构

直接顶破断岩块具有旋转下落特征，根据其破断位置不同，破断块体的旋转下落方式并不一样，一般情况下，工作面上部的直接顶断裂后在工作面倾向平面内易呈现逆煤层倾角方向旋转下落，工作面下部直接顶断裂后在工作面倾向平面内易呈现顺煤层倾角方向旋转下落（见图 3-26），直接顶初次垮落时上述两种旋转方式的岩块会同时存在，但随着上覆岩层的下沉变形逆煤层倾角方向的破断块体会旋转为顺煤层倾角方向。

由于直接顶的垮落充填作用，工作面下部上位直接顶能够较早地得到充填矸石的支撑作用而形成悬臂梁结构对上覆岩层提供支撑，一般情况下，工作面直接顶由多层岩层组成，各岩层的岩性、厚度及最大悬顶步距不同，沿倾斜方向会形成如图 3-27 所示的倒台阶倾

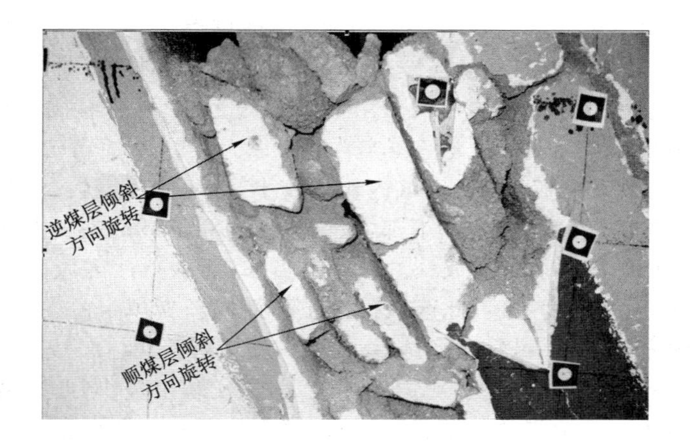

图 3-26 直接顶破断块体旋转下落方式

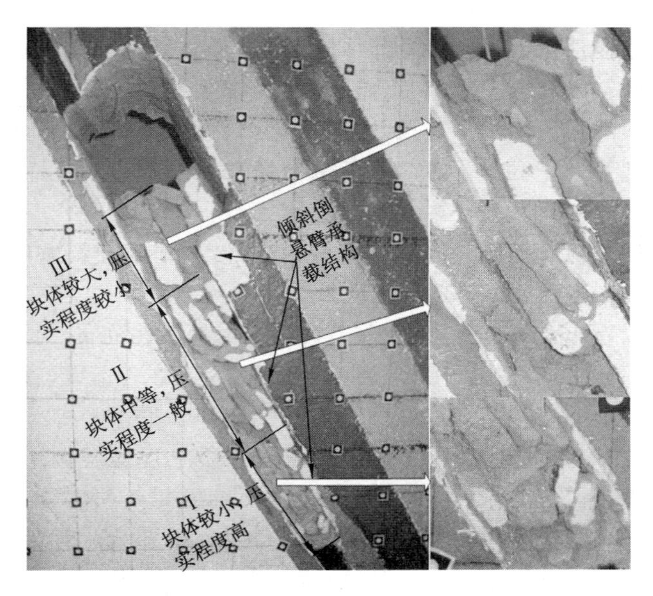

图 3-27 直接顶充填压实特征及倒悬臂承载结构

斜悬臂结构对上位直接顶或基本顶岩层提供支撑。此外，由于不同层位、岩性及厚度的直接顶破断块体的大小、强度并不一样，破断块体下滑充填后在上覆岩层的作用下压实程度也不一样，沿煤层倾斜方向采空区垮落矸石的充填压实特征可以大致分为如下三种：① 压实程度较高区（Ⅰ区），此区域内块体较小，但压实程度较高，此区域位于工作面倾斜充填带的下部，该区域内的充填矸石一般由随采随垮直接顶的垮落块体组成；② 中等压实区（Ⅱ区），此区域内块体大小中等，压实程度一般，此区域位于工作面倾斜充填带的中部，该区域内的充填矸石一般由稳定性一般的直接顶垮落块体组成；③ 压实程度较低区（Ⅲ区），此区域内块体较大，压实程度较小，此区域位于工作面倾斜充填带的上部，该区域内的充填矸石一般由稳定性较好的直接顶垮落后形成。

由上述分析可知，急倾斜工作面中下部基本顶主要由垮落充填矸石和直接顶倒台阶倾斜悬臂结构对其提供支撑。当采场垮落矸石不能将采空区充填满时，在工作面上部形成如图 3-28 所示的非对称“耳朵”形承载壳体对基本顶及其上覆岩层提供支撑，该壳体主要由区段煤柱及其上位岩层、直接顶倒台阶倾斜悬臂结构和垮落矸石组成。

根据相似模拟研究的测点布置，得到沿工作面倾斜方向直接顶的受力变形规律，如图 3-29 所示。

可以看出，工作面开采之前直接顶受力呈线性分布，最大值位于工作面下端头；工作面开采之后，中下部直接顶在垮落矸石的充填支撑作用下受力较大，最大应力值为 13.2 MPa，位置距工作面下端 24 m 处，中上部直接顶处于悬顶卸压状态受上覆岩层作用力较小，最小受力点位于工作面上端头处，应力大小为 2.3 MPa。直接顶的初始离层破断从工作面下部开始，随着工作面自下而上移架，直接顶自下而上产生离层破断，且直接顶离层位移量逐渐增大，工作面最下端直接顶位移为 20 mm，最上端直接顶位移为 68 mm，直接顶的初始垮落在移架后 5 min 左右产生。

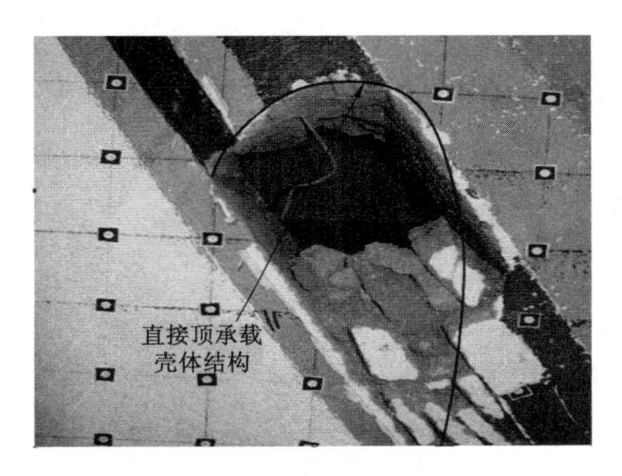

图 3-28 工作面直接顶非对称壳体承载结构

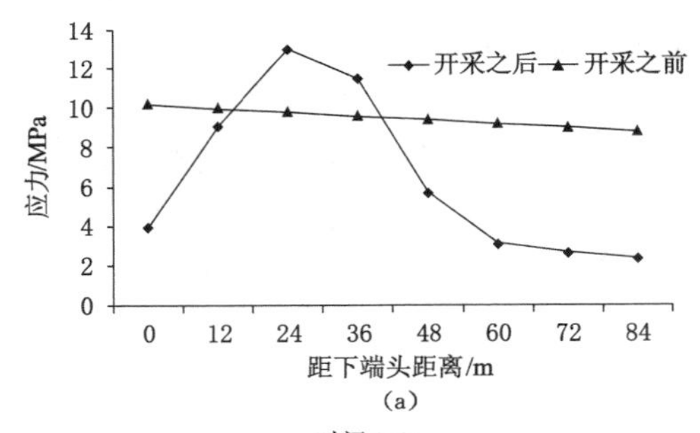

(a)

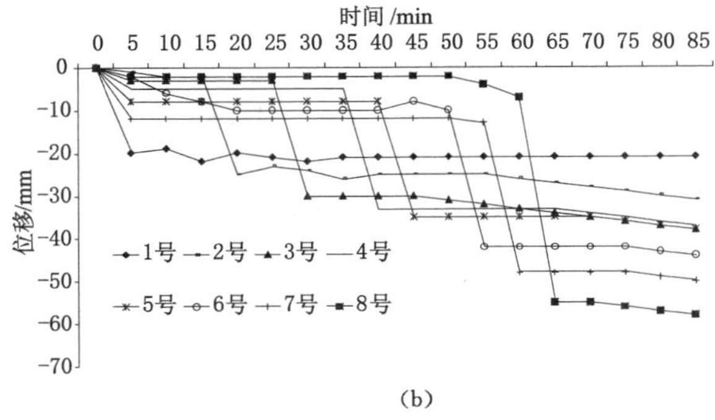

(b)

图 3-29 直接顶受力、变形规律

(a) 受力规律;(b) 变形规律

3.5 基本顶运移空间结构特征

3.5.1 基本顶断裂裂隙发展规律

从实验过程可以看出，基本顶的离层、变形、破断区主要出现在工作面中上部，且破坏范围会超过回风巷上侧边界，波及区段煤柱上方，工作面中下部由于采空区垮落矸石压实程度高，基本顶变形较小，工作面推进过程采空区下部基本顶一般情况下不会发生断裂。由于采空区上部区域充填块体较大、矸石压实程度较低，在上覆基本顶岩层的作用下会进一步被压实，导致“耳朵”形承载壳体下端的倒台阶倾斜悬臂结构与充填块体之间会产生空隙，当空隙高度大于悬臂结构的最大挠度值时，悬臂结构要产生破坏失稳，悬臂结构失稳后工作面上部“耳朵”形承载壳体将失去承载能力，工作面上部悬空顶板下端的支撑点会向采空区下部转移，基本顶悬顶距增加，从而加剧基本顶的离层、变形。

在采动影响作用下基本顶首先产生沿层面的离层裂隙，当离层裂隙扩展到一定范围时沿基本顶的下端首先出现垂直层面裂隙，加剧顶板的旋转下沉，引起倾斜悬顶上端也逐渐产生裂隙，基本顶破断块体上端断裂线形成与岩层层面呈 60°～65°的断裂裂隙，下端断裂线形成与岩层层面呈 85°～90°的断裂裂隙，如图 3-30 所示。下位基本顶断裂下沉过程中对上位基本顶岩层的作用力会逐渐减小，当达到一定条件时上位基本顶岩层发生离层、变形、破坏，以此规律逐渐向上发展，此外，随着工作面的推进，基本顶在采空区侧悬空范围变大，工作面上端煤岩柱会产生变形破坏，上端煤岩柱破坏失稳后引起基本顶岩层的断裂线向工作面上端深部煤岩体中发展。

工作面直接顶的垮落充填，对采空区下部顶板能够提供较好的支撑作用，顶板变形破坏程度低，而工作面上部顶板由于得不到垮落矸石的支撑，运动破坏加剧，因此，急倾斜工作面上部覆岩能够充分垮落，具有明显的“三带”特征，如图 3-31 所示，工作面下部覆岩不具有明显的“三带”特征。

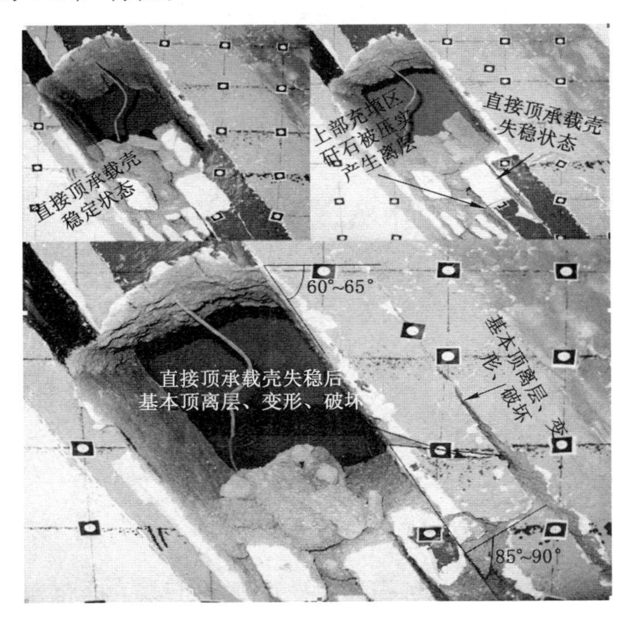

图 3-30　承载壳体失稳引起基本顶离层、变形

3.5.2　基本顶的倾斜“砌体梁”结构

结合上述分析可知，工作面上部基本顶由下部顶板垮落后形成的“耳朵”形承载壳体结构支撑，随着工作面的推进，基本顶在采空区后方悬顶范围逐渐变大，保持基本顶和上覆岩层稳定所需提供的载荷逐渐增大，当下部“耳朵”形壳体结构所受载荷超过其最大承载能力时会发生失稳，失稳后悬空顶板下端的支撑点会向采空区下部转移，基本顶悬顶距增加，当达到基本顶极限悬顶距离时发生破断，基本顶破断、旋转、下沉稳定后形成如图 3-32 所示第一层基本顶承载壳体，同理可知，当第一层基本顶承载壳体失稳后形成图中第二层基

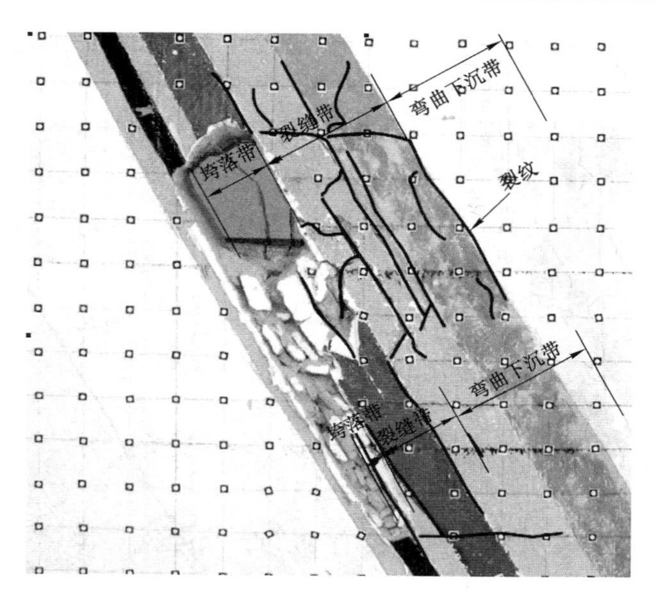

图 3-31 覆岩裂隙发育规律

本顶承载壳体结构，从承载壳体的变化规律可以看出，随着工作面顶板岩层逐渐向上破坏，承载壳体会向岩层深部发展，且承载壳体的承载能力也会逐渐增加。

基本顶岩层破断后形成如图 3-33 所示的倾斜“砌体梁”结构，由于急倾斜工作面基本顶岩层沿层面的分力大于垂直层面的分力，断裂块体的倾斜“砌体梁”结构在沿层面的作用力下更易于稳定，当倾斜“砌体梁”结构之间挤压力或者剪切力达到块体的破坏强度时将发生变形失稳或滑落失稳。

根据相似模拟研究的测点布置，得到沿工作面倾斜方向基本顶的受力变形规律，如图 3-34 所示。

可以看出，工作面开采之前基本顶受力呈线性分布，最大值位于工作面下端头；工作面开采之后，下部基本顶在垮落矸石和直接顶的支撑作用下离层变形较小、受力较大，其应力最大值为 26 MPa，位置

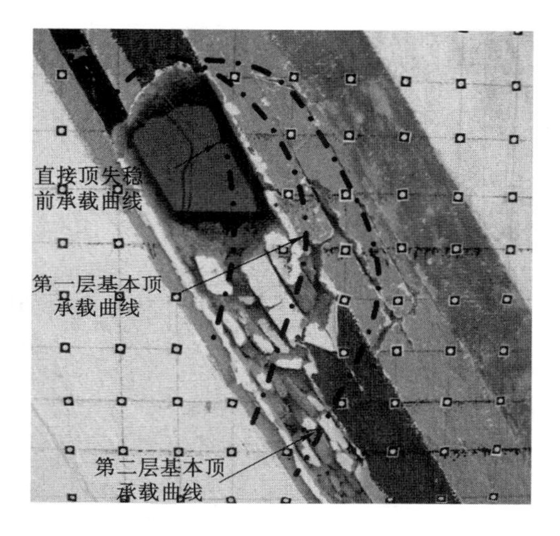

图 3-32 顶板承载壳体结构演化规律

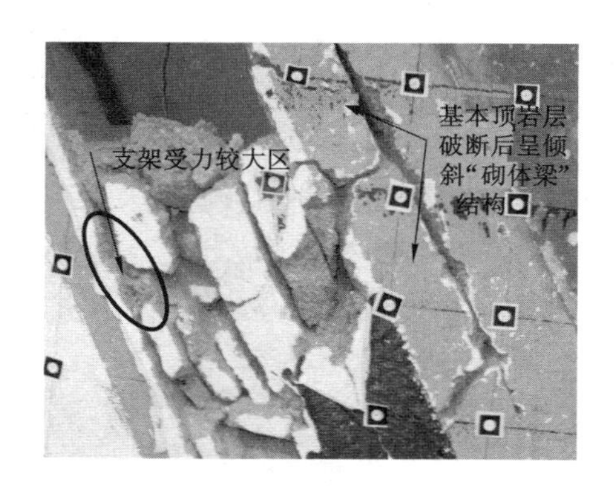

图 3-33 基本顶倾斜“砌体梁”结构

距工作面下端头 20 m 左右，位移值为 7 mm，工作面中上部基本顶由于处于悬空状态离层变形后下沉量较大，其位移值为 29 mm，最大位移点距工作面下端头 70 m 左右。

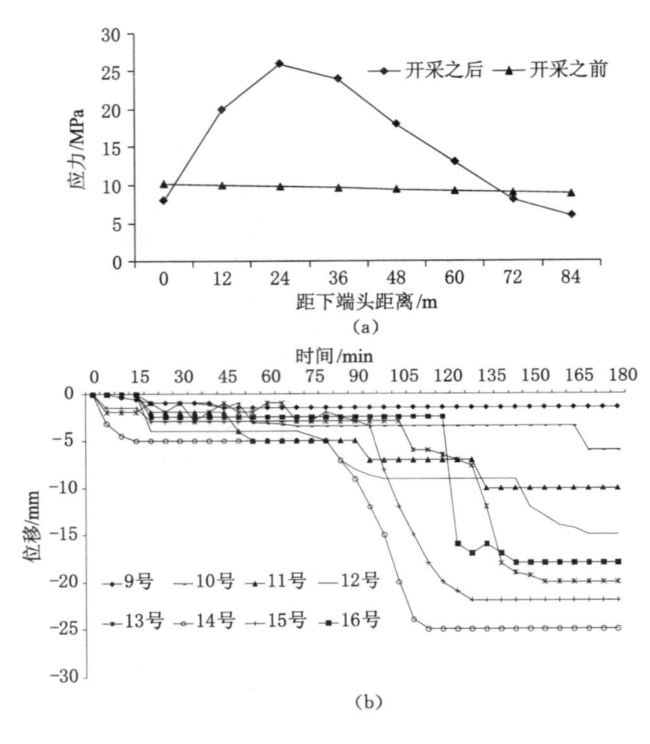

图 3-34　基本顶受力、变形规律

(a) 受力规律;(b) 变形规律

3.6　本章小结

(1) 急倾斜工作面倾斜方向采动覆岩中的垂直应力和剪切应力分布具有明显的不对称性。在采动影响下,顶板的卸压等值线沿倾斜方向呈正“耳朵”形,底板的卸压等值线沿倾斜方向呈倒“耳朵”形分布。剪切应力沿倾斜方向呈“椭圆”形分布,在底板的影响范围要大于顶板,最大值分布在工作面上下端头处的顶底板和区段煤柱中。

工作面上部的超前支承压力集中系数和影响范围最大，其次是工作面中部，工作面下部最小。

（2）随着工作面长度的增加，“耳朵”形卸压拱高度和宽度都逐渐增加，卸压拱拱顶距工作面上端头的距离呈先增加后趋于稳定的变化规律；随着煤层倾角的增加，采空区顶底板卸压拱的高度和宽度都逐渐减小，且顶板拱顶变尖上移，底板拱顶变尖下移。当工作面煤层倾角大于55°时，采场覆岩应力分布受煤层倾角影响较大。

（3）利用弹性薄板理论建立了急倾斜工作面顶板受力模型，研究得出急倾斜工作面中上部（悬顶空间）前方煤壁和后方煤壁处、顶板和中下部垮落矸石接触处出现较大的拉伸应力和剪切应力首先出现破断，裂隙贯穿导通后可能形成“U”字形破断，自下而上扩展。

（4）根据急倾斜工作面底板的受力特点，建立了急倾斜煤层底板岩梁受力力学模型，通过梁－柱理论分析了底板岩梁的挠度和最小破坏深度方程，研究了工作面煤层倾角、工作面长度与底板破坏深度之间的变化关系。

（5）急倾斜工作面直接顶的破断垮落首先出现在工作面的下部，垮落后会对下部采空区进行充填，下部顶板受力大、变形小，工作面上部形成“耳朵”形承载壳体，对上部悬空顶板进行支承，沿工作面倾斜方向未垮落直接顶形成倒台阶悬臂梁结构对上覆顶板提供支撑，根据直接顶的破断块体大小和压实程度可分为三区，即压实程度较高区、中等压实区、压实程度较低区。

（6）直接顶“耳朵”形承载壳体失稳后基本顶发生离层—变形—失稳，基本顶岩层破断后形成倾斜“砌体梁”结构，基本顶失稳后采场下位岩体对上位岩层的支承点下移，在上部岩层中形成承载能力更大的“耳朵”形承载壳体。工作面上部覆岩具有明显的“三带”特征，下部覆岩不具有明显的“三带”特征。

4 急倾斜煤层综采覆岩结构稳定性与支架承载特征研究

采场覆岩的受力变形规律决定结构破断特征，破断结构的稳定是工作面安全开采的基础，结构的不同失稳方式对工作面采场矿压显现特征具有较大影响，掌握急倾斜工作面采场覆岩结构的稳定特征及其失稳方式对采场围岩控制具有积极意义。本章主要对急倾斜煤层开采直接顶垮落充填后形成的“耳朵”形承载结构稳定性及其失稳方式、基本顶破断后形成的倾斜“砌体梁”结构稳定性及其失稳方式、底板破断结构的稳定性及其失稳方式进行研究，在此基础上确定不同顶板结构失稳方式条件下支架—围岩作用关系，确定最不利于支架稳定的顶板结构特征，得到支架工作阻力的确定方法。

4.1 采空区矸石充填带宽度研究

急倾斜工作面上部垮落矸石对工作面采空区充填示意图如图 4-1 所示，上部顶板由于得不到垮落矸石的支承作用，垮落岩层高度较工作面中下部大，下部顶板得到垮落矸石的支承后垮落破坏高度变小。

从上覆岩层的岩性及现场观察看，基本顶下部的直接顶可分为极易垮落岩层和滞后垮落岩层，极易垮落岩层随工作面移架很快垮落，如图 4-2 所示，由于急倾斜煤层工作面移架方式是自下而上移架，可以判断极易垮落岩层是从工作面下部开始垮落直至工作面上部，岩层垮落后滚落到下部充填工作面下部采空区，抑制工作面下部滞后垮落岩层的变形垮落，因此，滞后垮落岩层只有工作面上部顶板处随着工作

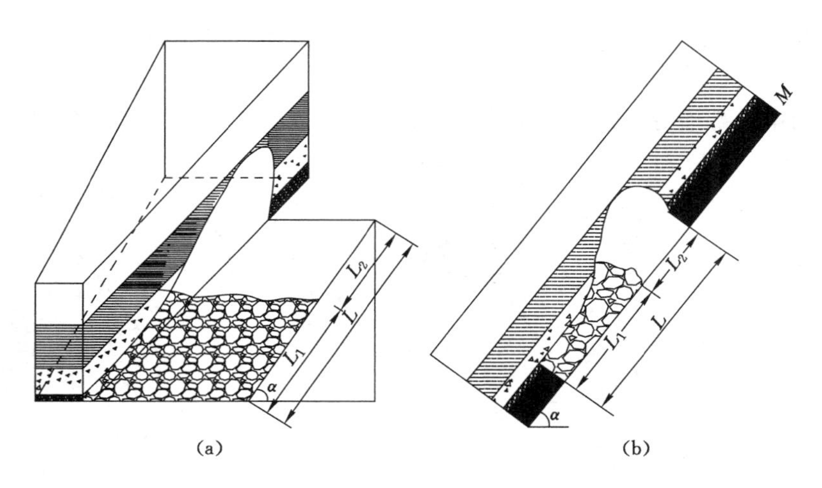

图 4-1　采空区矸石垮落充填示意图

(a) 立体图;(b) 倾向剖面图

面的推进周期性“垮落—下滑”对中下部采空区进行充填。

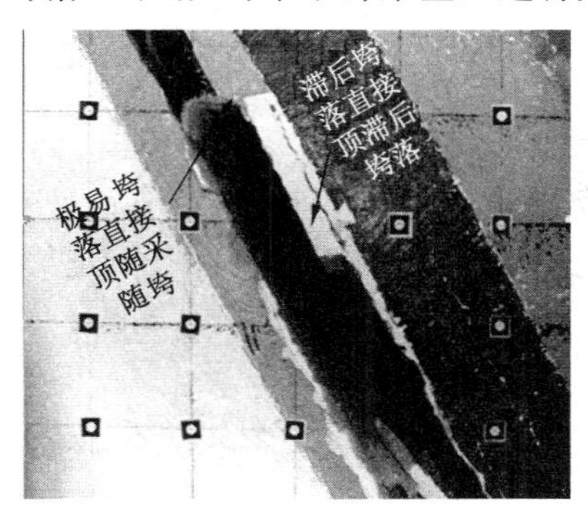

图 4-2　不同岩性直接顶垮落特征

根据岩层垮落的碎胀特征可知极易垮落岩层垮落碎胀后的体积 V_1 为:

$$V_1 = LH_1k \tag{4-1}$$

分析表明,急倾斜工作面采空区顶板破断垮落充填后会形成“耳朵”形的空间承载结构，为便于问题的定量分析将工作面中上部的垮落空间简化为梯形，其素描图如图 4-3 所示，由几何关系可知，工作面中上部滞后垮落岩层垮落下滑后对工作面中部采空区进行充填。

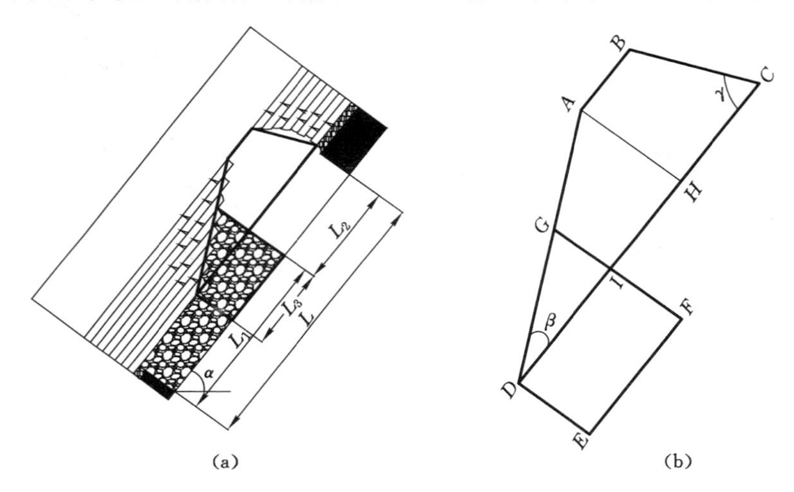

图 4-3　采空区垮落特征素描图

(a) 素描图；(b) 垮落充填几何关系

问题的求解转化为求图 4-3(b)中 DI 或 EF 的长度，其中，AH 的长度为滞后垮落岩层的厚度 H_2，可得 AB 长度为：

$$AB = L_2 + L_3 - \frac{H_2}{\tan\beta} - \frac{H_2}{\tan\gamma} \tag{4-2}$$

结合式(4-1)可以分别求得 CD、DE、GF 长度为：

$$\begin{cases} CD = L_2 + L_3 \\ DE = H_1 + M \\ GF = L_3 \tan\beta + H_1 + M \\ L_1 = \dfrac{LH_1 k}{H_1 + M} + L_3 \\ L_2 = L - \dfrac{LH_1 k}{H_1 + M} - L_3 \end{cases} \tag{4-3}$$

根据图 4-3(b)中梯形 $ABCD$ 内的岩石碎胀后的体积和梯形 $DEFG$ 的体积相等，联立式(4-1)至式(4-3)可以得出工作面下部充填带宽度计算式：

$$L_1 = \frac{1}{\tan\beta + 2H_1 + 2M}\left[2LH_2k - \frac{2LH_1H_2k}{(H_1+M)} - H_2^2k\left(\frac{1}{\tan\beta} - \frac{1}{\tan\gamma}\right)\right] \tag{4-4}$$

式中，L_1 为采空区下部垮落矸石充填带宽度；H_1 为极易垮落岩层厚度；H_2 为滞后垮落岩层厚度；M 为工作面煤层开采高度；k 为垮落岩层的碎胀系数，一般取 1.25～1.5；L 为工作面长度；β 为工作面下山方向岩层垮落角；γ 为工作面上山方向岩层垮落角。

式(4-4)中岩层垮落角可以根据实际急倾斜煤层开采工作面实测得到。以新铁煤矿为例，工作面长度 84 m，采高 1.7 m，下山岩层垮落角 30°，上山岩层垮落角 61°，将上述参数带入式(4-4)可得工作面上部垮落煤矸石能够对中下部 67 m 范围内采空区进行充填。

为分析充填带宽度受上述影响因素的影响规律，通过控制变量分析式(4-4)中参数可以得到：

由图 4-4 可以得出，充填带宽度随着滞后垮落岩层厚度、垮落岩层碎胀系数、工作面长度的增加呈线性增加，当采高小于 1 m 时采空区下部充填带宽度随工作面开采高度的增加迅速增加，当采高大于 1 m 时采空区下部充填带宽度随工作面开采高度的增加缓慢减小。一般情况下，急倾斜综采工作面煤层厚度都大于 1 m，因此，工作面滞后垮落岩层厚度、碎胀系数、工作面长度越大充填带宽度越大，采高越大充填带宽度越小。

4.2　直接顶“耳朵”形壳体结构稳定性分析

4.2.1　组合壳体结构模型

理论分析、数值模拟和相似模拟研究表明，急倾斜工作面直接顶

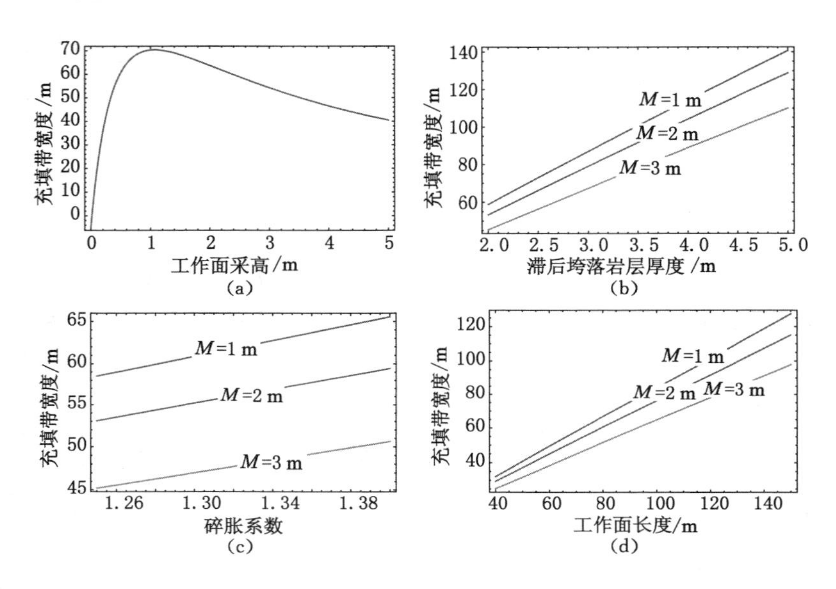

图 4-4 采空区充填带宽度的变化规律

破断垮落后会对采空区下部进行充填，在工作面上部形成类似“耳朵”形的壳体结构，对上覆未垮落顶板岩层起支撑作用，随着工作面的推进该壳体结构一直存在于工作面上部围岩中，为分析该结构的稳定特征及其失稳机理，建立急倾斜工作面直接顶垮落充填承载壳体结构如图 4-5 所示，由于壳体顶部和肩部的曲率半径不一样，将壳体的肩部视为锥体壳来分析、壳体的顶部视为圆球壳来分析，因此，可以确定直接顶承载壳体是锥体壳和圆球壳的组合结构。

4.2.2 壳体结构稳定性分析

两个曲面之间限定的物体称为壳体，平分壳体的点所构成的曲面称为中曲面。壳体受横向力作用时除了有平板内力（弯矩和剪力）之外，还有轴向的中面内力和中面剪力共同平衡横向载荷，因此，壳体结构的稳定性要高于相同条件下的板结构。急倾斜采空区上方直

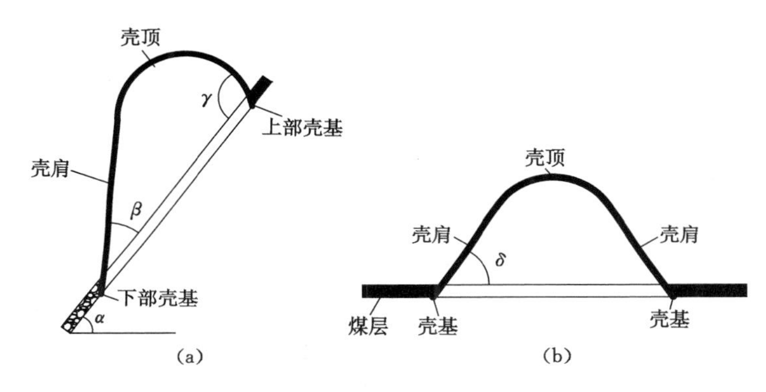

图 4-5　直接顶"耳朵"形承载壳体结构模型

(a) 沿工作面倾向;(b) 沿工作面走向

接顶垮落充填形成的支承壳体结构可以认为是在上覆载荷层作用下的等厚薄壳结构[145-147],研究过程中只对壳体的受力进行分析,不考虑壳体结构的弯曲变形,因此,可以看作无矩壳进行分析,分析之前需对薄壳结构做如下几点假设:

(1) 垂直于中曲面的法线在壳体受力变形后仍能保持为直线,其长度保持不变的同时仍与中曲面垂直。

(2) 垂直于中曲面的挤压应力较好,由挤压应力产生的变形可以忽略不计。

(3) 壳体厚度远小于中曲面的曲率半径,即两者的比值小于或等于 1/20。

急倾斜采场直接顶承载壳体的微元体可建立如图 4-6 所示的 $\theta\varphi z$ 坐标系统,图中的微元体是由两根经线和从两个距离较近的平行圆之间截出,图中所示的力均为正值,由于壳体是无矩壳(即薄膜理论),微元体受力分析时不考虑剪切应力的影响。图中,N_θ、N_θ垂直于微元体的横截面,称为薄膜力,p_θ、p_φ、p_z为不同方向单位面积上受到的载荷分量,r 为壳体上任一点到旋转轴的距离,r_1、r_2分别为研究区域的最小和最大主曲率半径。根据力的平衡,可以得到壳体的基本平衡方程为：

$$\begin{cases}\dfrac{\partial}{\partial\varphi}(rN_{\varphi})+r_1\dfrac{\partial N_{\theta\varphi}}{\partial\theta}-r_1N_{\theta}\cos\varphi+p_{\varphi}rr_1=0\\\dfrac{\partial}{\partial\varphi}(rN_{\theta\varphi})+r_1\dfrac{\partial N_{\theta}}{\partial\theta}+r_1N_{\theta\varphi}\cos\varphi+p_{\theta}rr_1=0\\\dfrac{N_{\varphi}}{r_1}+\dfrac{N_{\theta}}{r_2}=p_z\end{cases}\tag{4-5}$$

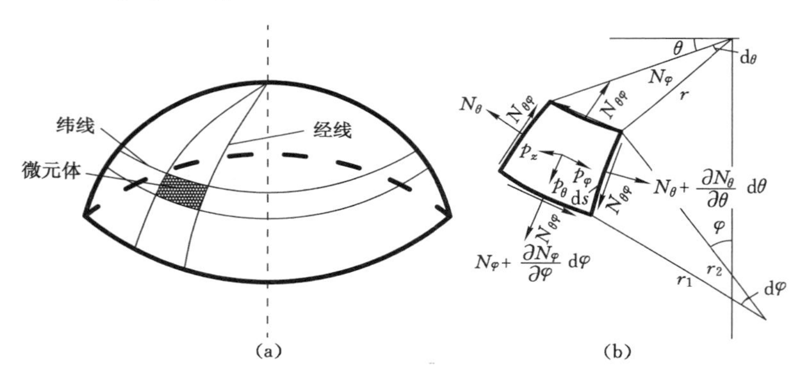

图 4-6　壳体结构微元体应力分析

(a) 壳体结构；(b) 微元体受力分析

对于锥壳壳体，其受力不随 θ 的变化而变化，因此，上述偏微分方程中含有 θ 的微分方程项都为零，上式可变为：

$$\begin{cases}\dfrac{\mathrm{d}}{\mathrm{d}\varphi}(rN_{\varphi})-r_1N_{\theta}\cos\varphi+p_{\varphi}rr_1=0\\\dfrac{\mathrm{d}}{\mathrm{d}\varphi}(rN_{\theta\varphi})+r_1N_{\theta\varphi}\cos\varphi+p_{\theta}rr_1=0\\\dfrac{N_{\varphi}}{r_1}+\dfrac{N_{\theta}}{r_2}=p_z\end{cases}\tag{4-6}$$

由于锥壳壳体中 φ 是一定值，不能作为坐标系统中的变量分析，为此引入 s 代替 φ 来分析问题，表示锥壳上任意一点到锥顶的距离，从图 4-7 可以看出，研究的微元体沿子午线方向的单位长度为 $\mathrm{d}s=$

$r_1 \mathrm{d}\varphi, r = r_2 \sin\varphi, \mathrm{d}r = \mathrm{d}s\cos\varphi, \mathrm{d}z = \mathrm{d}s\sin\varphi, r = s\cos\varphi, r_2 = s\cot\varphi$, r_1 趋于无穷大，因此，通过式(4-6)可以得到：

$$N_\varphi = N_s = -\frac{1}{s}\int (p_s - p_z \cot\varphi) s\mathrm{d}s + C \tag{4-7}$$

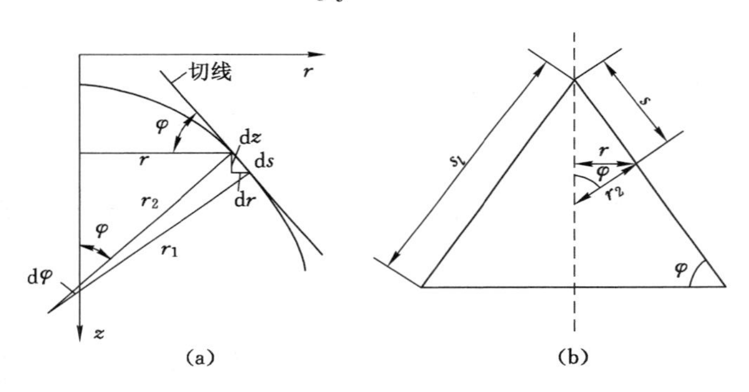

图 4-7 壳体经线的几何关系

(a) 曲面结构；(b) 锥体结构

式中，C 为积分常数。对于急倾斜煤层工作面开采采空区上方承载壳体主要受到基本顶及其上覆载荷层的压力，假设压力大小为 p，p 沿不同方向的分量为：$p_s = p\sin\varphi, p_z = -p\cos\varphi$，因此，可以求得：

$$\begin{cases} N_\theta = -ps\cos\varphi\cot\varphi \\ N_s = -\dfrac{ps}{2\sin\varphi} + \dfrac{C}{s} \end{cases} \tag{4-8}$$

当 $s = s_l$ 时，有 $N_s = 0$，可以求得：

$$C = \frac{ps_l^2}{2\sin\varphi} \tag{4-9}$$

设锥壳的壳体厚度为 t，则承载壳体肩部的薄膜应力为：

$$\begin{cases} \sigma_{\theta\text{肩}} = \dfrac{-ps\cos\varphi\cot\varphi}{t} \\ \sigma_{s\text{肩}} = -\dfrac{p(s^2 - s_l^2)}{2st\sin\varphi} \end{cases} \tag{4-10}$$

设承载壳体的顶部圆球壳体的半径为 R，如图 4-8 和图 4-9 所示，则可以得出圆球壳的主曲率半径为：

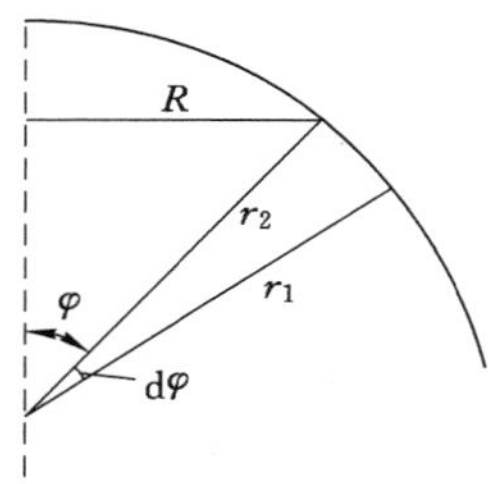

图 4-8　圆球壳体曲率几何关系

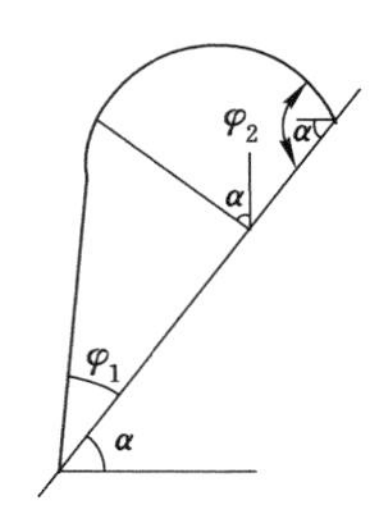

图 4-9　沿倾斜方向壳体剖面

$$r_1 = r_2 = \frac{R}{\sin\varphi} \tag{4-11}$$

同理，根据锥体的求解方法可以得出圆球壳的薄膜应力为：

$$\sigma_{\theta顶} = \sigma_{\varphi顶} = \frac{pR\cot\varphi}{2t} \tag{4-12}$$

急倾斜工作面直接顶的承载壳体结构失稳是由壳体局部部位的应力达到自身的强度（抗拉、抗压、抗剪强度）后岩层破断造成的，因此，壳体结构的失稳方式主要有剪切破坏产生的滑落失稳、挤压或拉伸破坏产生的变形失稳，沿煤层的走向和倾向都存在这两种失稳方式，由锥壳的受力特征可知沿工作面倾斜方向两种失稳方式可能同时出现在锥壳的不同部位。为分析承载壳体的稳定条件需根据煤层的实际赋存条件确定其受力规律，分部位确定其失稳方式。一般情况下，壳体围岩的受力大于其极限强度时，即 $\sigma > [\sigma]$ 时，壳体失稳，壳体围岩的受力小于其极限强度时壳体保持稳定。研究表明，急倾斜工作面直接顶承载壳体不同部位主要存在如下几种失稳方式：

（1）壳顶失稳方式

壳顶球形壳体的径向应力和环向应力相等，壳顶稳定性较高，但由于壳顶不同位置煤岩层的力学参数并不一样、岩层与煤层之间的节理发育程度不一样，位于区段煤柱下方的球形壳顶在煤柱及其上方岩层的变形失稳过程中以剪切破坏失稳为主，位于基本顶下方的壳顶主要受到径向压力作用,若顶部岩层抗压强度较高,抗拉强度较低,壳顶受压变形后以拉破坏失稳为主,因此,承载壳体顶部的破坏形式主要有拉、剪破坏。不同失稳方式的判别条件为:

$$\begin{cases} \text{拉破坏失稳}:\dfrac{pR\cot\varphi}{2t}>[\sigma_t] \\ \text{剪破坏失稳}:\dfrac{pR\cot\varphi}{2t}>[\sigma_r] \end{cases} \tag{4-13}$$

(2) 壳肩失稳方式

由式(4-10)可以看出,急倾斜工作面倾斜肩部锥形壳体的径向应力大于环向压力,随着 s 的增加,即母线上任意点距锥顶的距离增加,径向应力减小,环向应力增大,径向应力的最大值位于锥形壳和球形壳的连接处。锥形壳肩在径向应力作用下主要受到径向的压作用,同时还受到沿径向的剪应力的剪切破坏作用,当锥壳顶部岩层的抗压强度较低时壳顶以压破坏失稳为主,如果壳肩处岩层抗压强度较高,抗剪强度较低,壳体在剪切应力作用下以压剪破坏失稳为主,因此,承载壳体锥形壳肩的破坏形式主要有压、剪破坏。不同失稳方式的判别条件为:

$$\begin{cases} \text{压破坏失稳}:\dfrac{p(s_l^2-s^2)}{2st\sin\varphi_1}>[\sigma_c] \\ \text{剪破坏失稳}:\dfrac{p(s_l^2-s^2)\sin(\varphi_1+\alpha)}{2st\sin\varphi_1}>[\sigma_r] \end{cases} \tag{4-14}$$

4.3 基本顶倾斜“砌体梁”结构稳定性分析

直接顶垮落下滑充填后在采空区上方形成的“耳朵”形承载壳体结构失稳后会引起上覆基本顶岩层变形破断,导致工作面矿山压力显现剧烈,因此,确定急倾斜工作面基本顶断裂结构的失稳方式,对工作面顶板的来压预测预报、覆岩运动规律的定量计算和控制具有重要意义。急倾斜煤层采场覆岩运动的非对称性特征主要体现在沿工作面倾斜方向,沿煤层走向顶板的结构稳定性分析方法与水平煤层或缓倾斜煤层相似,文献[148]中已做详细分析,为此本书重点对急倾斜工作面顶板沿倾斜方向的断裂特征和结构稳定进行研究。

4.3.1 倾斜"砌体梁"结构受力模型

基本顶岩层破断后会产生旋转下沉,因旋转作用会在相邻基本顶岩块间形成强大的挤压力,当挤压力小于岩层的极限强度且足以支承破断岩块的自重时形成如图 4-10 所示的倾斜"砌体梁"平衡结构,此结构能够对上覆岩层起一定的支承作用,为工作面安全开采创造条件。

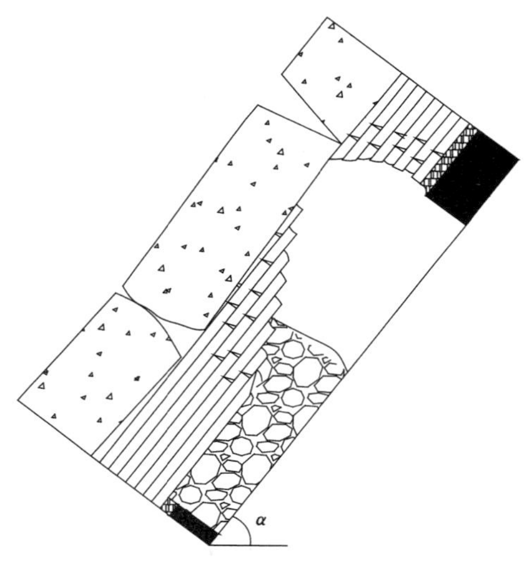

图 4-10　工作面基本顶断裂的倾斜"砌体梁"结构

倾斜"砌体梁"结构的平衡与否与咬合点处的挤压力、极限强度、摩擦力及剪切力有关,当咬合点处的挤压力超过其极限强度时破断岩块继续旋转变形,从而发生变形失稳,当咬合点处的剪切力大于摩擦力时破断岩块发生滑落失稳,顶板下沉量大,呈现出台阶形下沉。基本顶破断岩块的受力如图 4-11 所示。

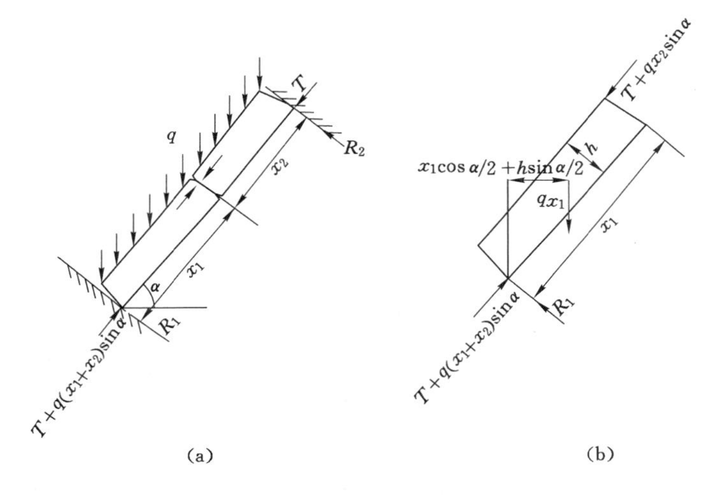

图 4-11 倾斜“砌体梁”结构受力分析

4.3.2 倾斜“砌体梁”结构稳定性分析

分析表明,倾斜“砌体梁”结构的失稳方式可分为变形失稳和滑落失稳,发生不同失稳方式时结构具有不同的运动形式,因此,需采用不同的方法对其稳定性进行分析。

(1) 结构的滑落失稳

结构受到的摩擦力为咬合点处的正压力与摩擦系数的乘积,摩擦力的作用方向与岩体运动趋势方向相反,图 4-11 中岩体具有向下的运动趋势,因此,摩擦力的方向沿垂直层面向上。根据力和力矩的平衡,可以得出结构平衡状态方程如下:

$$\begin{cases} R_1+R_2=q(x_1+x_2)\cos\alpha \\ qx_1(\dfrac{x_1}{2}-\dfrac{h\tan\alpha}{2})\cos\alpha=(T+qx_2\sin\alpha)h \\ q(x_1+x_2)(\dfrac{x_1+x_2}{2}-\dfrac{h\tan\alpha}{2})\cos\alpha=R_2(x_1+x_2) \end{cases} \tag{4-15}$$

求解式(4-15)可以得出：

$$\begin{cases} R_1 = \dfrac{x_1 + x_2}{2} q\cos \alpha + \dfrac{h}{2} q\sin \alpha \\ R_2 = \dfrac{x_1 + x_2}{2} q\cos \alpha - \dfrac{h}{2} q\sin \alpha \\ T = \dfrac{q x_1^2 \cos \alpha}{2h} - \dfrac{q x_1 \sin \alpha}{2} - q x_2 \sin \alpha \end{cases} \tag{4-16}$$

式中，R_1，R_2为咬合点处的摩擦力；q 为上覆岩层对断裂基本顶岩层的作用力；x_1，x_2为基本顶岩块的断裂长度；h 为基本顶岩层的厚度；T 为上覆岩层对破断岩块沿轴向的挤压力。根据急倾斜煤层工作面赋存特征，可知顶板倾斜“砌体梁”结构的下端处剪切应力最大，当剪切力大于因挤压产生的摩擦力时基本顶倾斜“砌体梁”结构发生滑落失稳，因此，要使基本顶“砌体梁”结构不发生滑落失稳的条件是：

$$[T + q(x_1 + x_2)\sin \alpha]\tan \varphi \geqslant R_1 \tag{4-17}$$

将式(4-16)中 T 和 R_1 的表达式带入式(4-17)可以得出基本顶“砌体梁”结构保持稳定的条件是：

$$\tan \varphi \geqslant \frac{h(x_1 + x_2)\cos \alpha + h^2 \sin \alpha}{x_1^2 \cos \alpha + h x_1 \sin \alpha} \tag{4-18}$$

式中，φ 为基本顶断裂岩块间的摩擦角。当两破断岩块的长度相等时，即 $x_1 = x_2$时，式(4-18)可以变为：

$$\tan \varphi \geqslant \frac{2hx\cos \alpha + h^2 \sin \alpha}{x^2 \cos \alpha + hx\sin \alpha} = \frac{h}{x} + \cfrac{1}{\cfrac{1}{\left(\frac{h}{x}\right)} + \tan \alpha} \tag{4-19}$$

式中，h/x 为“砌体梁”结构的宽长比，由式(4-19)可知，“砌体梁”结构的宽长比和煤层倾角是岩块滑落失稳的主要影响因素。“砌体梁”结构的宽长比越大结构的抗滑能力越小，反之，抗滑能力越大；煤层倾角越大“砌体梁”结构抗滑能力越大，因此，急倾斜工作面基本顶破断块体的抗滑能力比水平煤层开采要大，更易形成结构，更不容易发生滑落失稳。

对式(4-19)求解可得到：

$$\frac{h}{x} \leqslant \frac{\tan\varphi\tan\alpha - 2 + \sqrt{4 + (\tan\varphi\tan\alpha)^2}}{2\tan\alpha} \tag{4-20}$$

根据式(4-20)可以得到岩块宽长比与煤层倾角、摩擦角之间的关系，如图 4-12 所示。

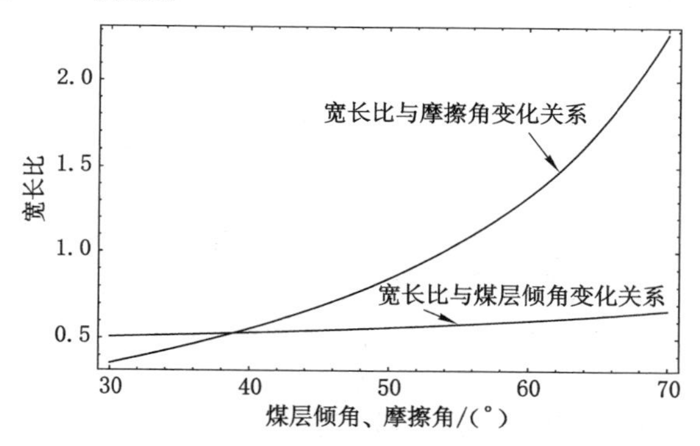

图 4-12　倾角、摩擦角与结构宽长比的变化关系

由图 4-12 可以看出，摩擦角对“砌体梁”结构的宽长比影响较大，随着煤层倾角的增大“砌体梁”结构的宽长比变化范围为 0.5～0.6。一般情况下，断裂岩块间的摩擦角 $\varphi=38°\sim45°$，$\tan\varphi=0.8\sim1$，因此，当煤层倾角为 60°时，要保证倾斜“砌体梁”结构不发生滑落失稳的条件是结构宽度与长度的比值要小于 0.5～0.7，即破断岩块的长度要大于厚度的 1.4～2 倍。

若基本顶岩层断裂时断裂面与垂直面之间呈一定夹角 θ，此时破断岩块间咬合点的受力如图 4-13 所示。

根据图 4-13(a)所示的受力关系可以得出咬合点不发生滑落失稳的条件为：

$$\frac{R}{T} \leqslant \tan(\varphi - \theta) \tag{4-21}$$

当 A、B 岩块长度相等时，将工作面下端咬合点处的挤压力和摩

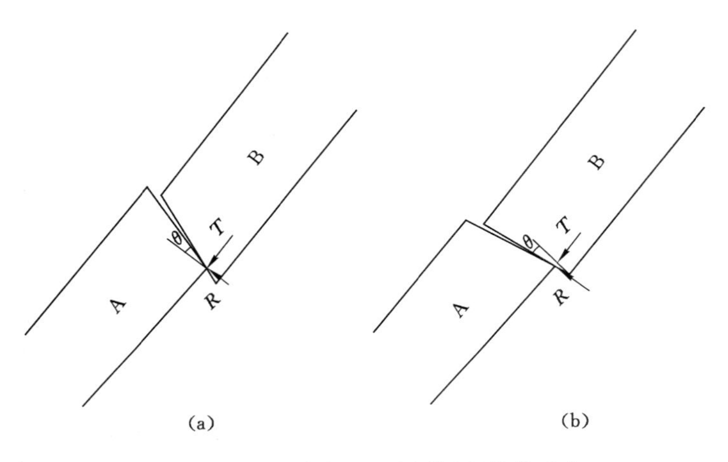

图 4-13　非垂直断裂面"砌体梁"结构受力

擦力带入式(4-21)可得：

$$\frac{h}{x} \leqslant \frac{\tan(\varphi-\theta)\tan\alpha - 2 + \sqrt{4+[\tan(\varphi-\theta)\tan\alpha]^2}}{2\tan\alpha} \tag{4-22}$$

当基本顶岩块的断裂面与垂直面之间的断裂夹角如图 4-13(b)所示时，同理可得：

$$\frac{h}{x} \leqslant \frac{\tan(\varphi+\theta)\tan\alpha - 2 + \sqrt{4+[\tan(\varphi+\theta)\tan\alpha]^2}}{2\tan\alpha} \tag{4-23}$$

(2) 结构的变形失稳

基本顶岩块在旋转变形过程中接触点处受到的挤压力大于岩块的抗压强度时，产生的塑性破坏区可加剧岩块接触处的破断，加剧岩块旋转变形，当变形量达到失稳需求时结构发生变形失稳。岩块旋转变形后的受力状态如图 4-14 所示。

当旋转岩块极限平衡时有 $\sum M=0$，根据图 4-14 中受力关系对 O 点取矩，有：

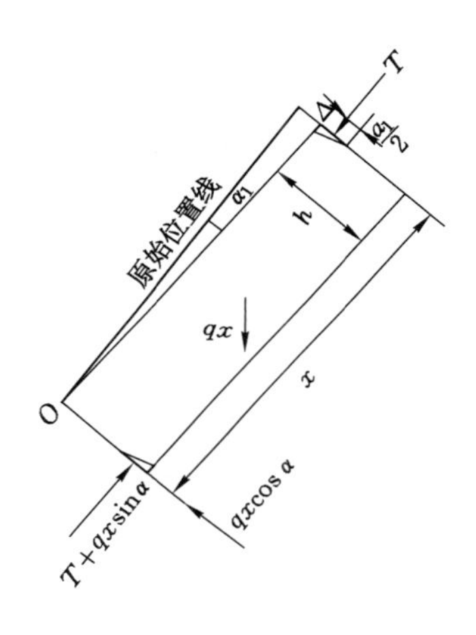

图 4-14 变形失稳岩块受力特征

$$T(h-a_1-\Delta)=\frac{x\cos\alpha-h\sin\alpha+a\sin\alpha}{2}qx \tag{4-24}$$

式中,a_1 为基本顶相邻岩块咬合接触处的宽度,当 a_1 较小时其表达式为:

$$\begin{cases}a_1=\dfrac{h-x\sin\alpha_1}{2}\\ \Delta=x\sin\alpha_1\end{cases} \tag{4-25}$$

式中,α_1 为基本顶岩块的旋转角度,将式(4-25)带入式(4-24)可得:

$$T=\frac{2x\cos\alpha-h\sin\alpha-x\sin\alpha\sin\alpha_1}{2(h-x\sin\alpha_1)}qx \tag{4-26}$$

接触处的挤压强度为:

$$\sigma_{\mathrm{p}}=\frac{T}{a_1}=\frac{2x\cos\alpha-h\sin\alpha-x\sin\alpha\sin\alpha_1}{(h-x\sin\alpha_1)^2}qx \tag{4-27}$$

令断裂块体的挤压强度 σ_{p} 与抗压强度$[\sigma_{\mathrm{c}}]$的比值为 $\bar{K}$,则块体承受上覆岩层的最大载荷为:

$$q=\frac{\bar{K}[\sigma_c](h-x\sin\alpha_1)^2}{(2x\cos\alpha-h\sin\alpha-x\sin\alpha\sin\alpha_1)x} \tag{4-28}$$

此外，根据岩块承受的最大载荷与其抗拉强度$[\sigma_t]$的关系有：

$$q=\frac{[\sigma_t]}{6K(\frac{x}{h})^2} \tag{4-29}$$

式中，K 的取值根据块体的边界条件而定，一般为 1/3～1/2，结合式(4-28)和式(4-29)可得：

$$\begin{cases}\sin\alpha_1=\dfrac{h}{x}\left[1-\sqrt{\dfrac{[\sigma_t]}{6K\bar{K}[\sigma_c]}(2\cos\alpha-\dfrac{h}{x}\sin\alpha)}\right]\\ \Delta=h\left[1-\sqrt{\dfrac{[\sigma_t]}{6K\bar{K}[\sigma_c]}(2\cos\alpha-\dfrac{h}{x}\sin\alpha)}\right]\end{cases} \tag{4-30}$$

根据式(4-30)可以计算得到基本顶破断岩块咬合处的下沉量，当实际下沉量大于式(4-30)中 Δ 时岩块结构即发生变形失稳。煤层倾角越大顶板下沉量越大，顶板岩块失稳可能性越大；顶板岩层的抗压强度越大，顶板越稳定。

结合上述分析可知，煤层倾角越大顶板断裂岩块抗滑失稳能力越强、变形失稳能力越大，由此可知急倾斜工作面基本顶结构易发生变形失稳。

4.4 工作面支架—围岩相互作用关系

4.4.1 支架—围岩相互作用特征

急倾斜工作面直接顶、基本顶和能够对直接顶岩层产生作用力的载荷层均由“煤壁—液压支架—垮落矸石”支撑，研究表明，液压支架并不能阻止上覆岩层的变形下沉，只能在覆岩下沉过程中减少下位岩层与上位岩层间的离层量，减缓下位岩层的变形下沉速度，给工作面提供一个临时安全作业空间。对于薄及中厚急倾斜煤层综采工作面，液压支架支护的对象是直接顶岩层，而直接顶的稳定又受到上覆基本顶岩层的“变形—破断—旋转”影响，因此一定意义上讲，基本顶岩层结构的失稳是影响工作面支架受力的关键[148]。

确定急倾斜工作面液压支架的合理工作阻力是采场顶板管理的关键，必须研究支架—围岩的相互作用关系，确定顶板在最大变形或最危险破坏状态下的受力特征，从而确定支架所需提供支撑力的大小。已有相关研究表明，支架承受的载荷主要有支架上方控顶范围内直接顶的压力和直接顶上方不能形成稳定结构的基本顶岩层（直接顶上方能够对下位基本顶产生力作用的岩层）及其旋转变形产生的附加力[149-154]。

由急倾斜工作面采空区顶板垮落充填特征可知，工作面下部顶板由于能够得到充填矸石的支撑作用，顶板变形下沉量小，支架受力较小，所需液压支架的工作阻力小；工作面上部垮落空间大，上覆基本顶岩层旋转变形空间大，产生的附加作用力较大，支架受力大，所需液压支架工作阻力大。此外，顶板结构的不同失稳方式对所需支架工作阻力的大小影响也较大，因此，为确保所选液压支架的性能能够满足工作面生产要求，应根据急倾斜工作面基本顶结构的运动特征和直接顶垮落特征确定工作面支架受力较大区域，在此基础上确定支架的工作阻力。急倾斜工作面采场支架—围岩作用示意图如图4-15 所示。

急倾斜工作面顶板沿倾斜方向同时受沿层面和垂直层面两个力的共同作用，根据前面顶板受力变形特征分析，可知沿倾斜方向顶板在横向和轴向作用力下变形破坏严重，因此，沿煤层走向方向的顶板较煤层倾斜方向稳定，沿煤层倾斜方向顶板受力变形大，更易产生变形破坏，对支架工作阻力的确定影响较大，此外，基本顶发生变形失稳时产生附加旋转力矩对支架产生的作用力要大于滑落失稳对支架产生的作用力。因此，可以确定支架受力最大的状态是，变形失稳基本顶断裂岩块及其上覆载荷层的作用力均由单个支架支撑（其他支架因基本顶旋转后接顶不实对上覆岩层作用

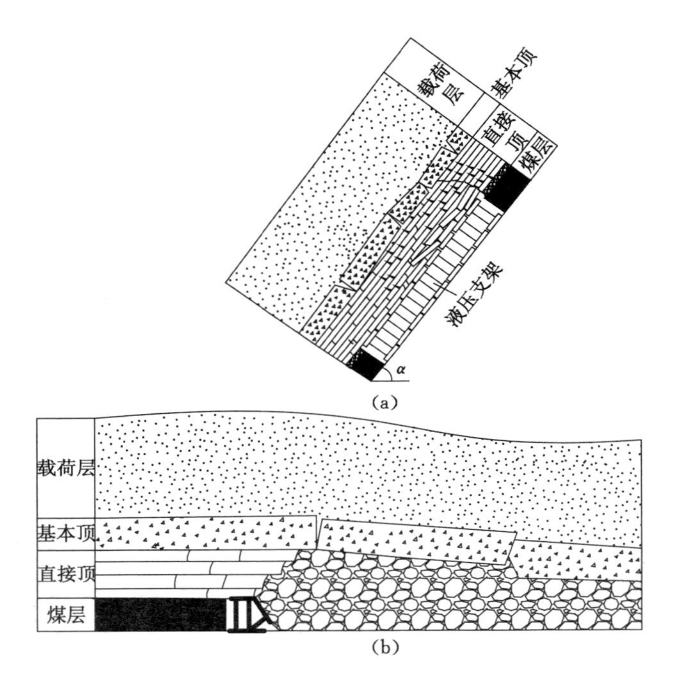

图 4-15　采场支架—围岩作用示意图

(a) 沿倾向；(b) 沿走向

较小，处于无支撑力状态或只对其控制范围内的直接顶产生作用），因此，当支架工作阻力满足上述承载特征时即可满足工作面安全生产要求，在上述受力特点下确定急倾斜综采工作面液压支架的工作阻力更具合理性。

4.4.2　支架合理工作阻力确定

急倾斜工作面支架—围岩作用的力学模型如图 4-16 所示。图中，q 为上覆载荷层作用于基本顶断裂岩块的载荷；h_s 为上覆载荷层的高度；T_s，T_x 分别为相邻岩块对研究块体上端和下端的挤压力；R_s，R_x 分别为相邻岩块对研究块体上端和下端的摩擦力；h 为基本顶岩块的厚度；l 为基本顶断裂块体的长度；h_z 为作用于支架上方直接顶厚度；l_2 为支架上方直接顶上端距基本顶块体下端距离；l_1 为直接顶下端距基本顶块体下端距离；q_z 为支架对直接顶的作用力。

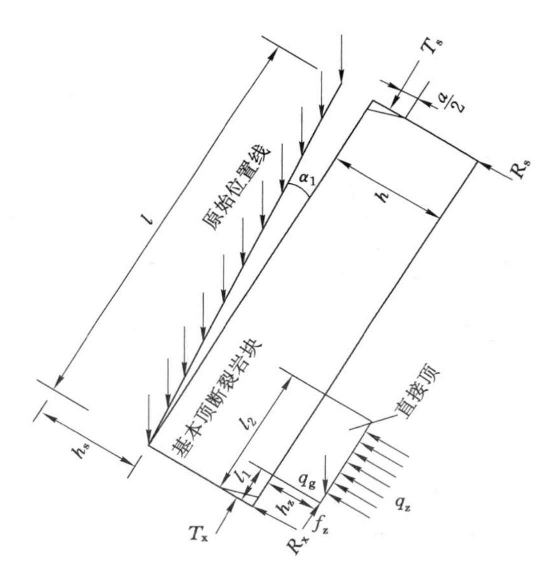

图 4-16　支架—围岩作用力学模型

为确定支架与其上方直接顶岩层之间的作用力，根据基本顶与直接顶之间相互作用关系，基本顶受上覆岩层及因回转变形对支架产生的附加力矩作用，分别对基本顶岩块和直接顶岩块进行受力分析，受力如图 4-17 所示。

图 4-17 中，q_g，f_1 为直接顶对基本顶的支撑力和摩擦力；q_g'，f_1' 为基本顶对直接顶施加的压力和摩擦力。根据基本顶岩块的受力特征[图 4-17(a)]，结合力矩平衡方程和沿层面方向、垂直层面方向力的平衡方程可得到：

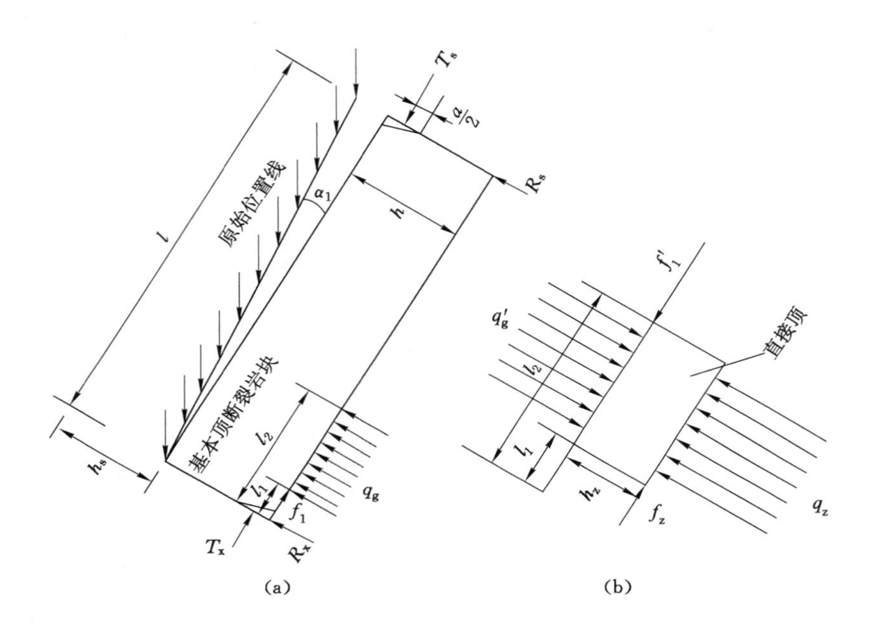

图 4-17 支架—围岩受力分析

(a) 基本顶岩块受力；(b) 直接顶—支架受力

$$T_s = \frac{ql^2\cos\alpha - q_g(l_2^2 - l_1^2) - 2R_s l - 2qlh\sin\alpha}{(h - l\sin\alpha_1)} \tag{4-31}$$

根据基本顶断裂岩块之间的相互咬合特点，结合岩块的运动特征可知：

$$T_s = a_1\sigma_p = \frac{h - l\sin\alpha_1}{2}\bar{K}[\sigma_c] \tag{4-32}$$

因此，可以得到直接顶对基本顶的支撑力为：

$$q_g = \frac{2ql^2\cos\alpha - 4qlh\sin\alpha + (h - l\sin\alpha_1)\bar{K}[\sigma_c][2l\tan\varphi - (h - l\sin\alpha_1)]}{2(l_2^2 - l_1^2)} \tag{4-33}$$

再结合图 4-17(b)可知，支架应能够承受基本顶对直接顶的作用力和支撑范围内直接顶岩层的全部重力，由于直接顶岩层比较松软、易垮落，能够形成的悬顶尺寸较小，因此，可以认为单个支架只承受支架顶梁宽度范围内的直接顶岩层重力，根据力的平衡可得：

$$P_z = \left\{ \frac{2ql^2\cos\alpha - 4qlh\sin\alpha + (h - l\sin\alpha_1)\bar{K}[\sigma_c][2l\tan\varphi - (h - l\sin\alpha_1)]}{2(l_2^2 - l_1^2)} \right\} l_z + \gamma_z h_z l_z \cos\alpha \tag{4-34}$$

式中，P_z为支架对顶板的支撑力；l_z为支架支护宽度。根据式(4-34)可以得出急倾斜煤层综采工作面液压支架工作阻力与基本顶厚度、基本顶岩块长度、直接顶厚度、煤层倾角之间的变化关系，如图 4-18 所示。根据新铁矿 49# 右六片急倾斜工作面实测参数，图中，基本顶岩块间挤压强度与抗压强度的比值取 0.4，岩块间的摩擦角取 42°，基本顶断裂岩块的厚度取 5 m，图 4-18(a)和图 4-18(c)中基本顶岩块的断裂长度为 20 m，图 4-18(a)和 4-18(b)中煤层倾角分别取 45°、50°、55°和 60°。

由图 4-18 可以得出，随着煤层倾角的增加工作面液压支架的工作阻力减小，支架工作阻力受基本顶岩块断裂长度的影响较大，受载荷层厚度影响较小，因此，可知工作面支架工作阻力大部分来自于基本顶断裂结构产生的旋转附加力。新铁矿 49# 右六片急倾斜工作面煤层开采条件下所需支架工作阻力为 2 987 kN，工作面实际选用支架工作阻力为 3 600 kN，留有 20%的富余系数，验证了此计算方法更具合理性，如按传统的 4～8 倍采高岩柱重力计算所需液压支架的工作阻力为 1 275 kN，与实际支架工作阻力大小相差甚大，因此，并不能用与水平煤层开采相似的传统估算法确定急倾斜煤层工作面支架受力。

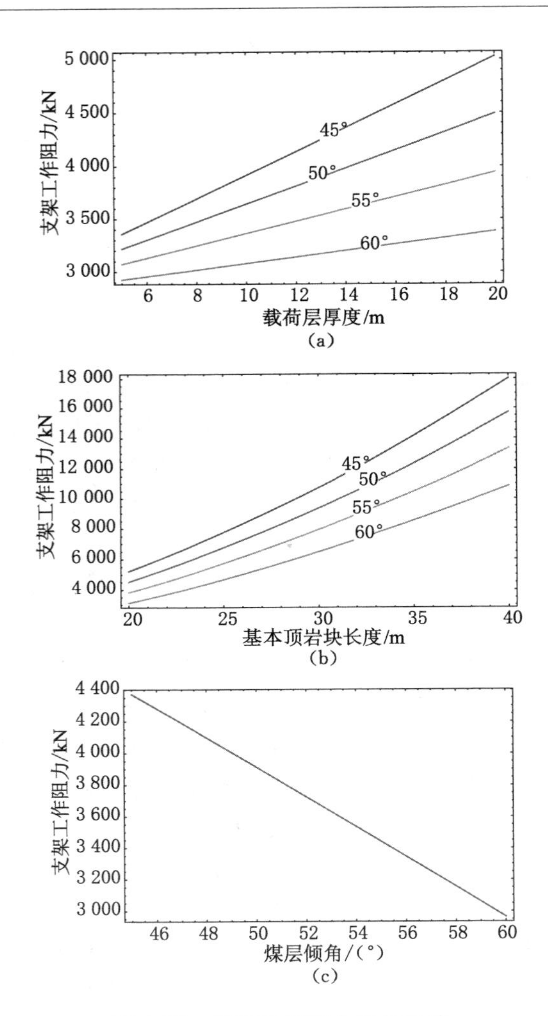

图 4-18　支架工作阻力变化规律

(a) 载荷层厚度与支架工作阻力关系；

(b) 基本顶岩块长度与支架工作阻力关系；

(c) 煤层倾角与支架工作阻力关系

4.5 底板结构稳定性分析

根据底板破断岩块的尺寸不同，破断后可能出现三种情况，即：① 岩块破断尺寸较小，破断后会在自重作用下沿倾斜方向向下滑动，对下部采空区进行充填；② 破断岩块尺寸较大，破断后在相邻岩块间的作用力下仍能保持稳定，此时底板破断岩块会顺序地堆积在原处；③ 破断岩块在相邻岩块的挤压作用下产生旋转，但由于旋转空间尺寸限制，在顶底板和相邻岩块的作用下形成平衡结构，如图4-19所示。

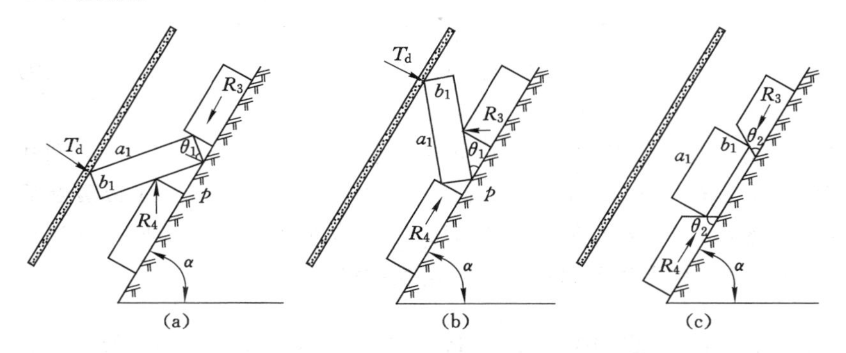

图 4-19 底板破断结构旋转平衡关系

图 4-19(a)中破断岩块保持平衡的条件为：

$$R_4 b_1/\sin\theta_1 + T_d f_3(a_1\sin\theta_1 + b_1\cos\theta_1) > (a_1 T_d + 1/2G_d a_1 + R_3 b_1)\cos\theta_1 \tag{4-35}$$

式(4-35)变化后可以得到

$$2R_4 b_1 > (a_1 T_d + 1/2G_d a_1 + R_3 b_1)\sin 2\theta_1 - 2T_d f_3 a_1 \sin^2\theta_1 - T_d f_3 b_1 \sin 2\theta_1 \tag{4-36}$$

式中，R_3，R_4分别为上、下岩块对破断岩块的作用力；a_1，b_1分别为破断岩块的长边和短边的长度；T_d为破断岩块对顶板的垂直作用力；f_3为岩块与顶板之间的摩擦系数；G_d为破断岩块的自重；θ_1为破断岩块的旋转角度。从式(4-36)可以看出,破断岩块的旋转角度越大,即 θ_1 越大,越不利于破断岩块的稳定。

图 4-19(b)中破断岩块保持平衡的条件为:

$$R_4 b_1/\cos\theta_1 > T_d f_3(a_1\cos\theta_1 + b_1\sin\theta_1) + (a_1 T_d + 1/2G_d a_1 + R_3 b_1)\sin\theta_1 \tag{4-37}$$

式(4-37)变化后可以得到:

$$2R_4 b_1 > 2T_d f_3 a_1\cos^2\theta_1 + T_d f_3 b_1\sin 2\theta_1 + (a_1 T_d + 1/2G_d a_1 + R_3 b_1)\sin 2\theta_1 \tag{4-38}$$

式(4-38)成立的条件为:

$$R_4 b_1 > T_d f_3 a_1 \tag{4-39}$$

图 4-19(c)中破断岩块保持平衡的条件为:

$$(R_1 + R_2)\cos\theta_2 \geqslant G\cos\alpha \tag{4-40}$$

式中,θ_2 为相邻岩块破断面与倾斜方向的夹角。

当 θ_1 等于或趋近于零时,即为近水平煤层开采时,式(4-36)和式(4-38)恒成立,由此可知,随着煤层倾角的增加,工作面底板破断后越不容易形成稳定结构,工作面开采时应对底板受力变形特征进行观测分析,必要时需制定相关稳定控制措施。

4.6 新铁矿 $49^{\#}_{下}$ 右六片急倾斜工作面矿压规律实测分析

为验证相似模拟、数值模拟及理论分析结论的正确性,以新铁矿 $49^{\#}_{下}$ 右六片急倾斜煤层长壁综采工作面为生产地质条件,实测工作面回采过程中综采液压支架工作阻力变化规律,分析急倾斜综采采场矿压显现规律、支架—围岩相互作用关系。

新铁矿 $49^{\#}_{下}$ 右六片急倾斜工作面上部为右五片采空区,下部为未采右七片实体煤,左侧为左六片采空区,右侧为五采区右六片石门,对应地面为丘陵山地,工作面埋深为 350～400 m,平均 375 m,煤层平均采高 1.7 m,倾角 58°～62°,平均 60°,倾向长度 84 m,工作

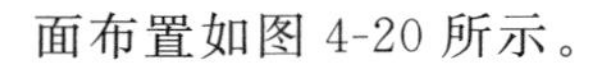
面布置如图 4-20 所示。

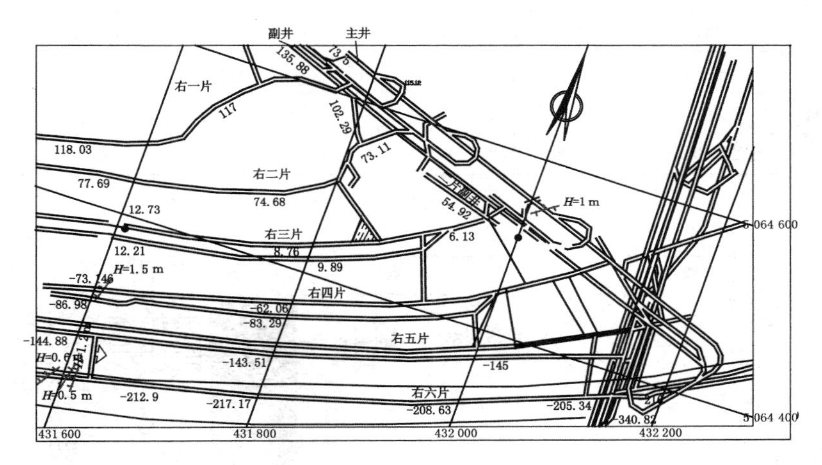

图 4-20　49$^{\#}_{下}$右六片急倾斜工作面布置图

4.6.1　矿压观测方案

为准确掌握急倾斜煤层长壁综采工作面矿压显现规律，评价工作面液压支架的适应性及顶板管理效果，49$^{\#}_{下}$右六片急倾斜工作面回采期间，在工作面编号为奇数的支架上安装 ZYDC—3 型液压支架压力记录仪监测支架在开采过程中的受力情况。由于实时监测间隔时间短、数据记录量大、相邻支架之间所测矿压数据相差较小，同时急倾斜工作面不同部位矿压显现的剧烈程度并不一样，为此分别在工作面上部、中部、下部三个位置选取三个测站，每个测站内分别对相邻的三个安装有压力记录仪的支架压力进行分析（见表 4-1），工作面测站及测点的编号分别为：上部测站的三个支架编号为 7$^{\#}$、9$^{\#}$、11$^{\#}$，中部测站的三个支架编号为 27$^{\#}$、29$^{\#}$、31$^{\#}$，下部测站的三个支架编号为 47$^{\#}$、49$^{\#}$、51$^{\#}$。工作面和回采巷道矿压测站布置如图 4-21 所示。

表 4-1　　　　工作面测站编号及位置

测站	上部测站			中部测站			下部测站		
测点编号	1#	2#	3#	4#	5#	6#	7#	8#	9#
安装支架号	7#	9#	11#	27#	29#	31#	47#	49#	51#
距回风巷距离/m	9.75	12.75	15.75	40.5	43.5	46.5	71	74	77

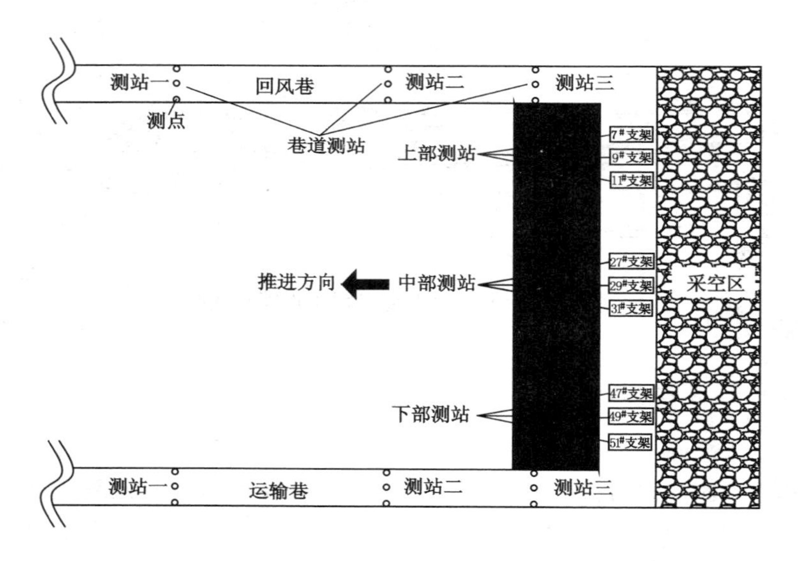

图 4-21　综采工作面矿压监测测站布置

4.6.2　工作面矿压规律分析

工作面顶板来压的理论判据为：

$$P_c = \bar{P} + \sigma \tag{4-41}$$

式中，P_c为顶板来压时支架所受压力；$\bar{P}$ 为工作面推进过程中支架工作阻力的平均值；σ 为支架平均工作阻力的均方差。

$$\begin{cases} \bar{P} = \dfrac{1}{n}\sum\limits_{i=1}^{n} P_i \\ \sigma = \sqrt{\dfrac{1}{n}\sum\limits_{i=1}^{n}(P_i - \bar{P})^2} \end{cases} \tag{4-42}$$

式中，n 为支架工作阻力循环记录的次数；P_i 为第 i 个支架的实测工作阻力。根据式(4-41)和式(4-42)可以得到，工作面上部测站内支架的平均工作阻力为 2 024 kN，平均工作阻力的均方差为 496 kN，顶板来压判据 2 520 kN；工作面中部测站内支架的平均工作阻力为 1 635 kN，平均工作阻力的均方差为 443 kN，顶板来压判据 2 078 kN；工作面下部测站内支架的平均工作阻力为 1 335 kN，平均工作阻力的均方差为 399 kN，顶板来压判据 1 734 kN。

(1) 工作面上部来压规律分析

图 4-22 为工作面上部测站的三个支架(7#、9#、11#)工作阻力随工作面推进的变化关系。

由图 4-22 可以看出，7# 支架所在顶板位置的初次来压步距 35.1 m，来压强度 3 136 kN，非周期来压期间支架载荷为 1 948 kN，来压动载系数 1.61，观测距离内工作面共产生 6 次周期来压，周期来压步距平均 9.6 m，周期来压支架平均载荷 2 941 kN，来压动载系数 1.51，来压持续距离平均 1.2 m；9# 支架所在顶板位置的初次来压步距 36.7 m，来压强度 3 211 kN，非周期来压期间支架载荷为 1 866 kN，来压动载系数 1.72，观测距离内工作面共产生 6 次周期来压，周期来压步距平均 10.3 m，周期来压支架平均载荷 3 043 kN，来压动载系数 1.63，来压持续距离平均 1.1 m；11# 支架所在顶板位置的初次来压步距 36 m，来压强度 3 169 kN，非周期来压期间支架载荷为 1 810 kN，来压动载系数 1.75，观测距离内工作面共产生 6 次周期来压，周期来压步距平均 9.8 m，周期来压支架平均载荷 3 078 kN，来压动载系数 1.70，来压持续距离平均 1.0 m。由此可知，急倾斜工作面上部矿压呈如下显现特征：

① 工作面上部测站 3 架支架的来压强度和来压步距基本一致，

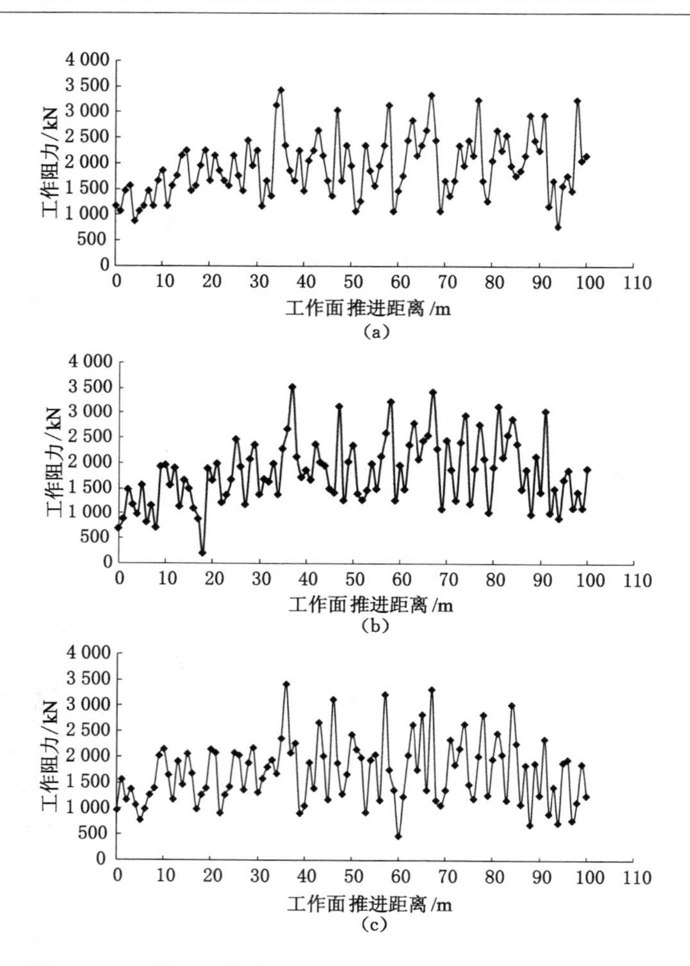

图 4-22 工作面上部支架时间加权工作阻力随推进变化曲线

(a) 7# 支架；(b) 9# 支架；(c) 11# 支架

平均初次来压步距 36 m，周期来压步距 10 m，来压强度分别为 3 172 kN 和 3 020 kN，周期来压强度比初次来压强度稍小，来压持续距离平均为 1.1 m。

② 上部支架的来压动载系数普遍偏大，初次来压和周期来压动

载荷系数分别为 1.69 和 1.61,来压持续时间短,支架阻力增加快。

(2) 工作面中部来压规律分析

图 4-23 为工作面中部测站的三个支架(27#、29#、31#)工作阻力随工作面推进的变化关系。

由图 4-23 可以看出,27# 支架所在顶板位置的初次来压步距 39.4 m,来压强度 2 548 kN,非周期来压期间支架载荷为 1 602 kN,来压动载系数 1.59,观测距离内工作面共产生 5 次周期来压,周期来压步距平均 12.1 m,周期来压支架平均载荷 2 451 kN,来压动载系数 1.53,来压持续距离平均 1.5 m;29# 支架所在顶板位置的初次来压步距 38.7 m,来压强度 2 752 kN,非周期来压期间支架载荷为 1 668 kN,来压动载系数 1.65,观测距离内工作面共产生 5 次周期来压,周期来压步距平均 11.6 m,周期来压支架平均载荷 2 635 kN,来压动载系数 1.58, 来压持续距离平均 1.3 m;31# 支架所在顶板位置的初次来压步距 40.5 m,来压强度 2 776 kN,非周期来压期间支架载荷为 1 643 kN,来压动载系数 1.69,观测距离内工作面共产生 5 次周期来压,周期来压步距平均 12.4 m,周期来压支架平均载荷 2 497 kN,来压动载系数 1.52,来压持续距离平均 1.6 m。由此可知,急倾斜工作面中部矿压呈如下显现特征:

① 工作面中部测站 3 架支架的来压强度和来压步距基本一致,平均初次来压步距 40 m,周期来压步距 12 m,来压强度分别为 2 692 kN 和 2 527 kN,周期来压强度比初次来压强度稍小,来压持续距离平均为 1.5 m。

② 中部支架的来压动载系数都较大,初次来压和周期来压动载荷系数分别为 1.64 和 1.54,来压持续时间短,支架阻力增加快。

(3) 工作面下部来压规律分析

图 4-24 为工作面下部测站的三个支架(47#、49#、51#)工作阻力随工作面推进的变化关系。

由图 4-24 可以看出,47# 支架所在顶板位置的初次来压步距 48.6 m,来压强度 2 254 kN,非周期来压期间支架载荷为 1 599 kN,

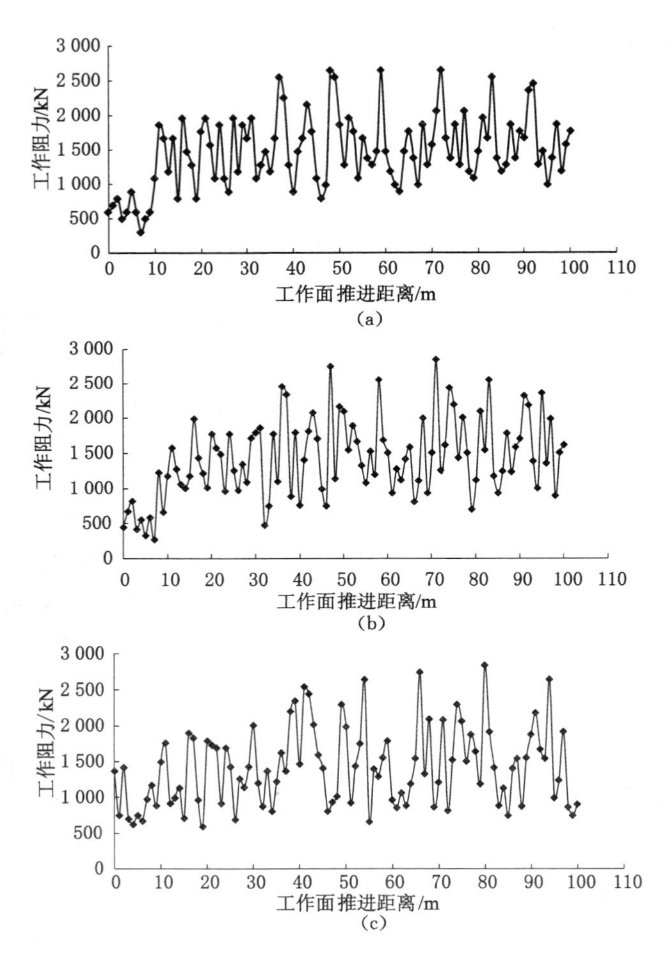

图 4-23　工作面中部支架时间加权工作阻力随推进变化曲线

(a) 27# 支架;(b) 29# 支架;(c) 31# 支架

来压动载系数 1.41,观测距离内工作面共产生 2 次周期来压,周期来压步距平均 18.6 m,周期来压支架平均载荷 2 174 kN,来压动载系数 1.36,来压持续距离平均 4.4 m;49# 支架所在顶板位置的初次

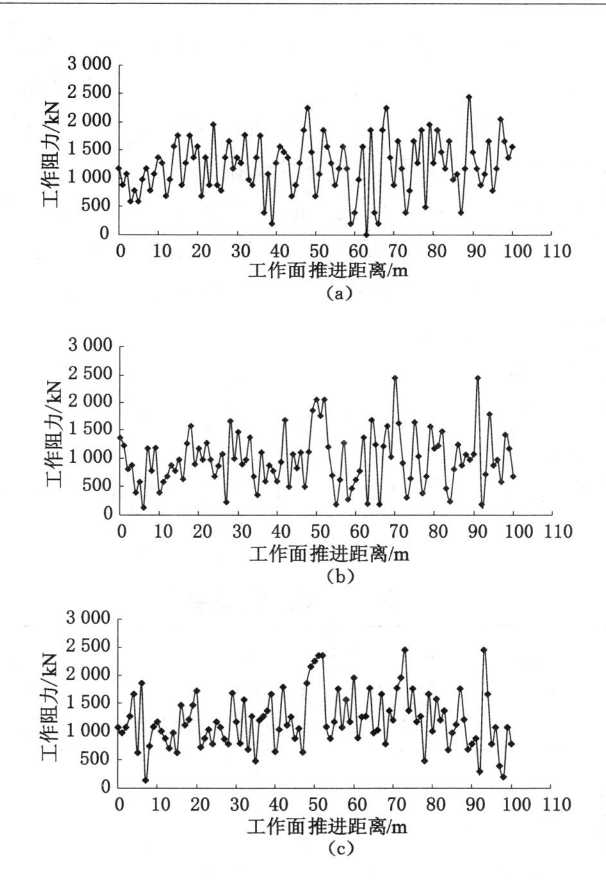

图 4-24　工作面下部支架时间加权工作阻力随推进变化曲线

(a) 47# 支架；(b) 49# 支架；(c) 51# 支架

来压步距 49.5 m，来压强度 2 263 kN，非周期来压期间支架载荷为 1 605 kN，来压动载系数 1.41，观测距离内工作面共产生 2 次周期来压，周期来压步距平均 20.3 m，周期来压支架平均载荷 2 199 kN，来压动载系数 1.37，来压持续距离平均 5.1 m；51# 支架所在顶板位置的初次来压步距 52.3 m，来压强度 2 173 kN，非周期来压期间支架载荷为 1 575 kN，来压动载系数 1.38，观测距离内工作面共产生 2 次周期来压，周期来压步距平均 22.1 m，周期来压支架平均载荷 2 142 kN，来压动载系数 1.36，来压持续距离平均 6.3 m。由此可知，急倾斜工作面下部矿压呈如下显现特征：

① 工作面下部测站 3 架支架的来压强度和来压步距基本一致，平均初次来压步距 50 m，周期来压步距 20 m，来压强度分别为 2 230 kN 和 2 171 kN，周期来压强度比初次来压强度稍小，来压持续距离平均为 5.3 m。

② 下部支架的来压动载系数相对于工作面中上部要小，初次来压和周期来压动载荷系数分别为 1.41 和 1.36，来压持续时间长，支架阻力增加较缓慢。

根据上述分析，可以得到急倾斜工作面不同位置矿压显现参数见表 4-2。

表 4-2　　急倾斜工作面顶板来压参数

位置	初次来压步距/m	周期来压步距/m	初次来压强度/kN	周期来压强度/kN	初次来压动载系数	周期来压动载系数	来压持续距离/m
上部	36	10	3 172	3 020	1.61	1.69	1.1
中部	40	12	2 692	2 527	1.54	1.64	1.5
下部	50	20	2 230	2 171	1.36	1.41	5.3

从表 4-2 可以看出，急倾斜工作面不同部位顶板来压期间支架的受力基本上都小于 3 200 kN，现场实际选用支架工作阻力为 3 600 kN，完全可以满足回采要求，表明工作面支架选型合理；根据顶板结构计算得出来压期间所需工作阻力为 2 987 kN，与实测数据相差 6.6%，在支架工作阻力富余系数允许的范围内，验证了理论分析的正确性。

(4) 工作面倾向来压规律分析

急倾斜工作面顶板覆岩的非对称性受力与破坏特征，导致沿工作面倾向不同位置的来压强度、来压步距、动载系数以及来压持续距离并不相同，沿工作面倾向来压参数分布规律如图 4-25 所示。

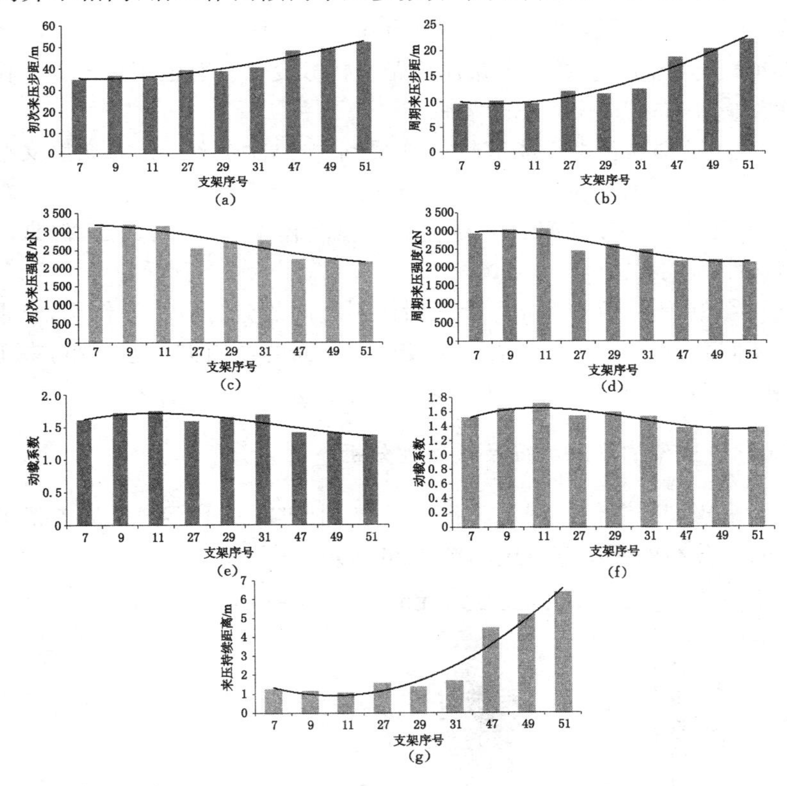

图 4-25 沿工作面倾向矿压分布特征

由图 4-25 可以看出：

① 急倾斜工作面上部由于冒空空间大，破断顶板得不到垮落矸石的有效支撑，工作面上部、中部和下部出现明显的来压不同步现象，具体表现为，上部顶板的初次来压强度、周期来压强度和来压动载系数大于工作面中部，下部顶板的来压强度要明显小于工作面上

部和中部、来压步距要明显大于上部和中部。验证了理论分析顶板受力变形规律的正确性。

② 工作面上部顶板初次来压步距平均为 36 m，周期来压步距为 10 m；下部顶板初次来压步距为 50 m，周期来压步距为 20 m，下部顶板与中部顶板的周期来压步距呈倍数变化。验证了急倾斜工作面顶板具有来压不同步的特征。

③ 下部顶板由于能够较早地得到中上部垮落矸石的充填支撑作用，顶板破断后大部分压力由采空区矸石支撑，顶板变形下沉缓慢，来压与非来压期间支架受载变化幅度较小，动载系数低，但来压持续距离较大。

④ 由于急倾斜工作面顶板沿倾斜方向的分力占主导作用，非来压期间急倾斜工作面支架受顶板垂直层面的作用力普遍较小，来压期间支架受力突然增大，来压动载系数较大。

4.6.3 支架的承载特征及适应性分析

来压期间急倾斜综采工作面上部、中部以及下部测站的支架工作阻力分布的频度直方图如图 4-26 所示。

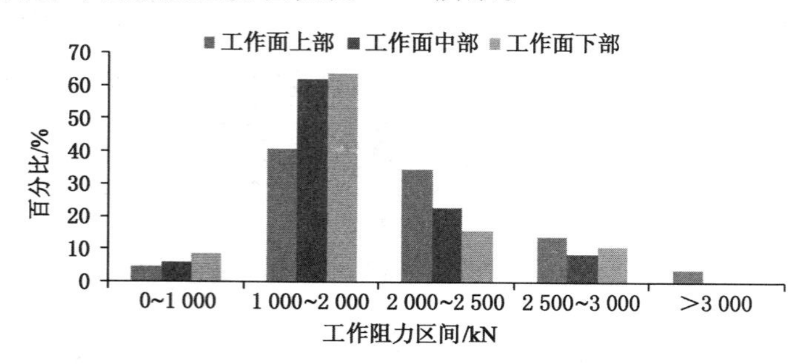

图 4-26 工作面不同位置支架工作阻力频率分布

由图 4-26 可以看出，工作面上部支架的工作阻力主要分布在 1 000～3 000 kN，所占比例为 91%，小于 1 000 kN 的比例占 5%，大于 3 000 kN 的比例占 4%;工作面中部支架的工作阻力主要分布在 1 000～2 500 kN,所占比例为 85%,小于 1 000 kN 的比例占 6%,大于 2 500 kN 的比例占 9%;工作面下部支架的工作阻力主要分布在 1 000～3 000 kN,所占比例为 91%,小于 1 000 kN 的比例占 9%。

综上可知,急倾斜工作面上、中、下三个测站的支架所受载荷较小,且都小于支架的工作阻力,支架工作阻力整体上具有较大的富余系数,能够适应来压时支架动载变化较大的要求。

4.7 本章小结

(1) 将直接顶岩层分为极易垮落岩层和滞后垮落岩层,结合岩石碎胀特征,得出采空区垮落矸石充填带宽度计算公式,通过变量分析确定采空区充填带宽度随滞后垮落岩层厚度、垮落岩层碎胀系数、工作面长度的增加呈线性增加。结合新铁矿急倾斜工作面实际开采参数得出垮落煤矸石能够对中下部 67 m 范围内采空区进行充填。

(2) 将直接顶垮落充填的“耳朵”形承载壳体结构看作圆球体壳和锥体壳的组合壳体结构,利用薄壳理论,建立组合壳体结构的力学模型,得出壳体的环向和径向应力表达式,分析得出圆球体壳主要以拉剪破坏为主,锥体壳主要以压剪破坏为主。

(3) 基本顶倾斜“砌体梁”结构存在滑落失稳和变形失稳两种失稳模式,结构的宽长比和煤层倾角是岩块滑落失稳的主要影响因素,宽长比越大结构的抗滑能力越小,倾角越大结构抗滑能力越大,结构变形失稳可能性越大。

(4) 根据急倾斜工作面顶板的变形规律及失稳方式,确定工作面支架受力最大时顶板位态特征,在此基础上建立支架—围岩作用力学模型,得到急倾斜工作面支架工作阻力的计算方法,并用工作面矿压实测数据验证了此计算方法比传统支架阻力估算法更加合理。

(5) 揭示了急倾斜工作面上部、中部和下部的来压不同步现象,具体表现为，工作面上部顶板的来压强度、来压动载系数最大，其次是工作面中部，工作面下部最小；工作面下部顶板来压步距、持续距离最大，其次是工作面中部，工作面上部最小。非来压期间急倾斜工作面支架受力普遍较小，来压期间支架受力突然增大，来压动载系数较大。

5　急倾斜工作面区段煤柱合理留设尺寸及其失稳致灾机理研究

由于急倾斜工作面煤岩赋存的特殊性，工作面区段煤柱的受力破坏特征、留设方法与近水平和倾斜煤层开采不同，煤柱破断失稳后会向工作面采空区下部滑落充填，对上覆岩层完全失去承载能力，造成如下灾害：① 区段煤柱失稳后原先由煤柱承受的上覆岩层载荷会瞬间转移到工作面上端头煤壁和液压支架上，造成上端头煤壁片帮严重、顶板破碎管理困难、支架下缩量过大压死支架；② 根据急倾斜工作面回采巷道围岩出现的帮顶倒置现象，可知区段煤柱的下端组成巷道的帮部和部分顶板，煤柱变形破坏过程中巷道片帮冒顶严重、支护体破坏失效严重、围岩控制困难；③ 急倾斜工作面上部顶板由煤柱、工作面采空区矸石以及上区段工作面采空区矸石形成的三点提供支撑，煤柱失稳后顶板中部支撑约束解除，顶板瞬间由三点支撑变为两点支撑，顶板跨度呈倍数增加，引起大范围内的顶板变形失稳，工作面矿压显现剧烈；④ 区段煤柱失稳后上区段采空区矸石、水、瓦斯等会溃入本工作面，造成灾害。急倾斜煤层工作面区段煤柱受力破坏特征如图 5-1 所示。

上述分析表明，急倾斜煤层工作面区段煤柱的作用主要有：① 对本工作面一定范围内的顶板提供一定的支撑，保证巷道围岩、工作面上端头煤壁稳定；② 隔离本工作面与邻近工作面采空区，防止上区段采空区水、有毒有害气体溃入本工作面。本章对区段煤柱受力变形、失稳方式、合理留设方法进行研究，基于区段煤柱的受力破坏特点，分析区段煤柱失稳与工作面上端头煤壁片帮、巷道变形破坏以及工作面上部大范围顶板失稳之间的相互作用机制。

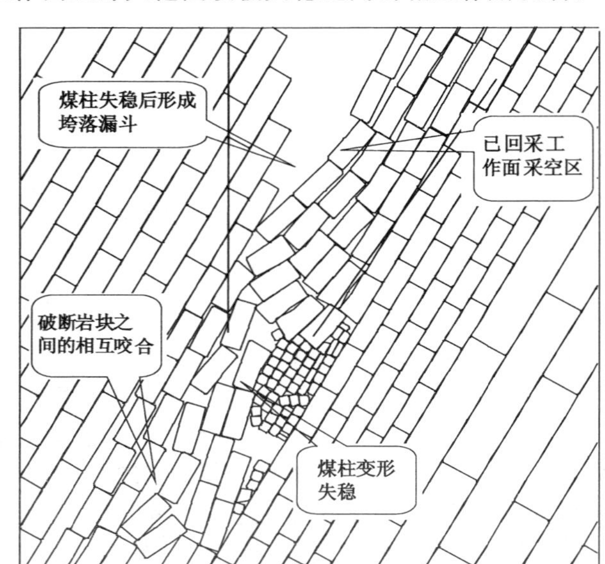

图 5-1　区段煤柱失稳后顶板垮落特征

5.1　区段煤柱受力变形特征研究

5.1.1　区段煤柱受力特征

急倾斜工作面区段煤柱的垂直应力和剪切应力分布如图 5-2 所示。

从图 5-2 可以看出，急倾斜煤层工作面区段煤柱周围垂直应力呈“椭圆”形分布，集中应力最大值分别位于煤柱上部的顶板处和下部的底板处，同时，由于倾角的作用煤柱下端的应力集中程度明显高于煤柱上端，煤柱周围采空区的顶板由于煤柱的支承作用而处于应

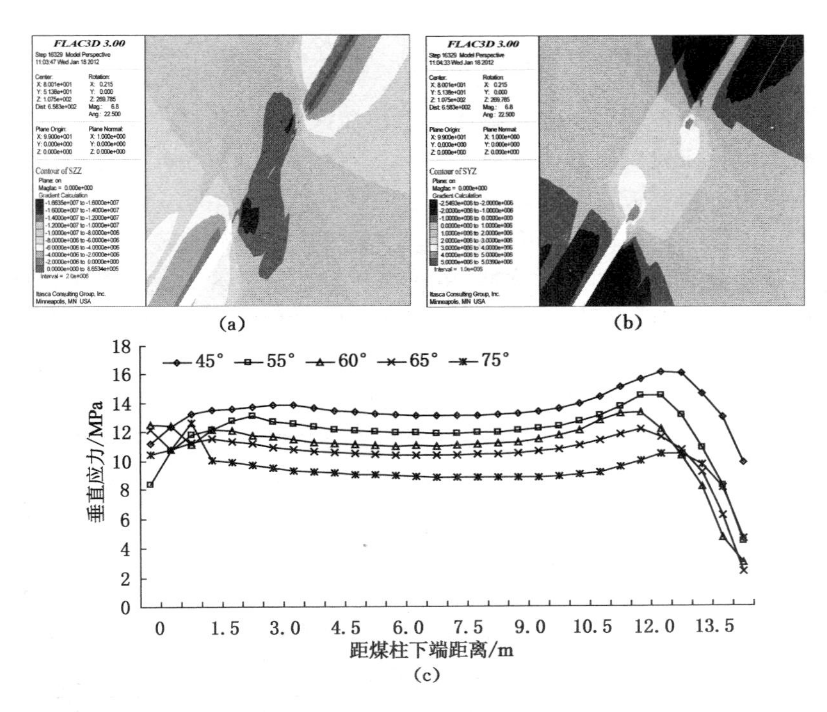

图 5-2 区段煤柱应力分布规律

(a) 垂直应力;(b) 剪切应力;

(c) 不同倾角工作面区段煤柱应力分布

力降低区;煤柱中剪切应力出现明显的区域局部化特征,集中区域主要在煤柱上端的底板和下端的顶板中。随着倾角的增加,垂直应力等值线的“椭圆”形变窄变长,集中应力作用点向顶板上部(煤柱上端)或底板下部(煤柱下端)发展的同时向煤壁内部转移,倾角越大垂直应力集中程度越低,影响范围变大,剪切应力集中程度越高,影响范围变小。

5.1.2 区段煤柱变形特征

为分析不同煤层倾角条件下工作面区段煤柱的变形破断规律，数值模拟研究煤层倾角分别为45°,55°,60°,65°,75°条件下煤柱两端及其附近顶底板变形破坏特征。

由图5-3和表5-1可以得出，急倾斜煤层工作面区段煤柱的变形破坏具有明显的不对称性，由于煤柱上部采空区被上区段工作面垮落矸石充填，相同倾角下煤柱的下端破坏宽度要大于上端，煤柱上部呈现“正台阶”形破坏，煤柱下部呈现“倒台阶”形破坏，倾角越大台阶宽度越大、台阶数越多。随着倾角的增加，煤柱的压缩破坏作用减小(主要集中在煤柱上部顶板处和下部的底板处)，剪切破坏作用增大，工作面前方塑性区范围变小，煤柱下端顶板围岩塑性区破坏角与煤层倾角呈非线性反比关系，煤柱上端顶板围岩塑性区破坏角与煤层倾角呈非线性正比关系。

表5-1　　不同倾角区段煤柱破坏参数

煤层倾角/(°)	煤柱破坏宽度/m	煤柱上端破坏深度/m		煤柱下端破坏深度/m	
		顶板	底板	顶板	底板
45	8.6	3.0	2.1	3.4	4.9
55	9.4	4.4	2.7	4.6	6.8
60	11.5	4.8	3.4	6.9	8.4
65	12.2	5.5	3.9	10.3	10.1
75	14.1	7.3	4.5	11.2	12.6

结合上述急倾斜工作面区段煤柱的应力分布和变形破坏特征可知，区段煤柱上端变形破坏后的煤岩体仍能对上部顶板提供一定的支承力，煤柱下端主要受压和剪切作用，局部产生变形失稳，失稳后的煤岩体会向工作面采空区下部滑落，对其进行充填。

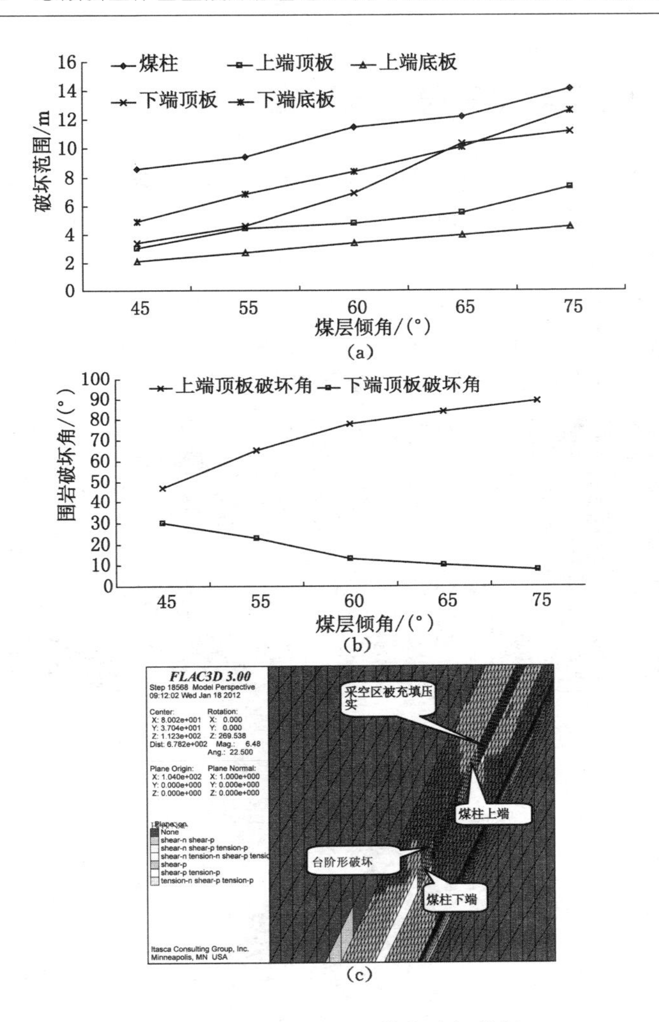

图 5-3 不同倾角区段煤柱破坏特征

(a) 煤柱破坏范围;(b) 塑性区破坏角变化特征;

(c) 塑性区发育特征

5.2 区段煤柱失稳方式研究

随着工作面的推进，工作面后方的区段煤柱会产生变形—失稳，实验中可以看出，区段煤柱下端的顶板处首先出现大致与层面垂直的裂隙，裂隙发育后贯穿至煤柱下端的底板处，如图 5-4 所示，裂隙贯穿后煤柱发生局部片落失稳，煤柱上方顶板中的片落岩体呈不规则的四边形状，煤柱片落的块体呈不规则的三角形状，片落失稳的煤岩体在重力作用下对工作面采空区进行充填，如图 5-5 所示。

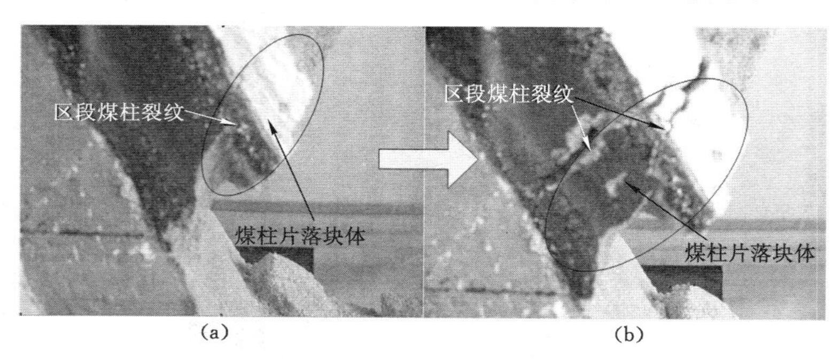

图 5-4　区段煤柱片落失稳裂隙发育规律

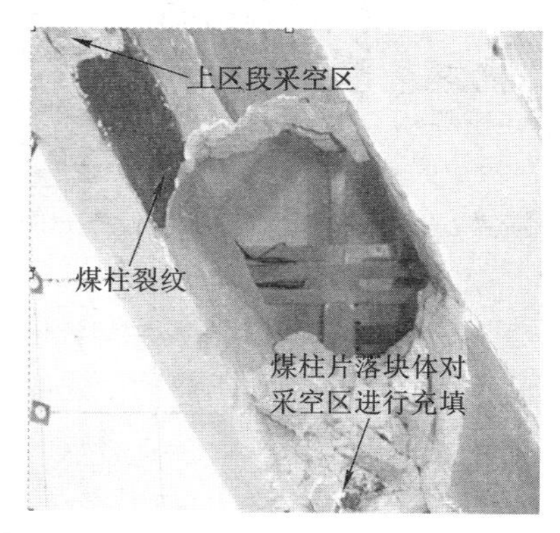

图 5-5　区段煤柱片落后对采空区进行充填

随着煤柱的局部片落，煤柱尺寸逐渐减小，当煤柱尺寸不足以支撑上覆岩层及上区段采空区垮落煤岩体时，煤柱的破坏裂隙由垂直层面裂隙演变为沿煤柱上下层面的裂隙，同时煤柱上覆岩层中垂直层面和平行层面裂隙较为发育，如图 5-6 所示，当裂隙发展贯穿整个煤柱层面范围时，煤柱发生整体滑移，将上区段采空区和本工作面采空区导通，上区段采空区矸石对本工作面采空区进行二次充填。此外，区段煤柱失稳后，顶板由三点支撑变为两点支撑，顶板的跨距会突然变大，稳定性降低，可能会在较大范围内发生破断—垮落，给工作面正常生产带来影响。

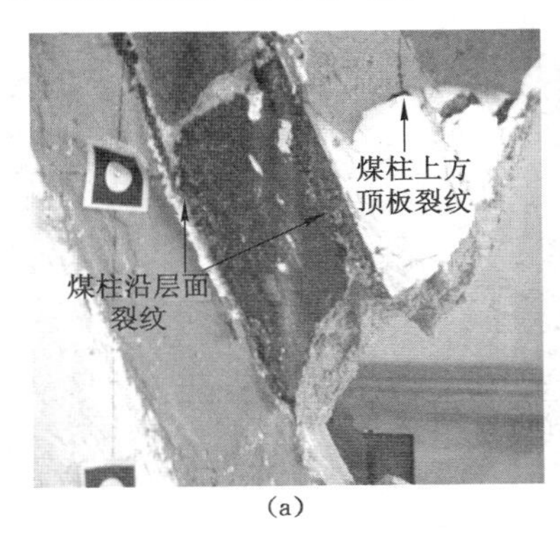

(a)

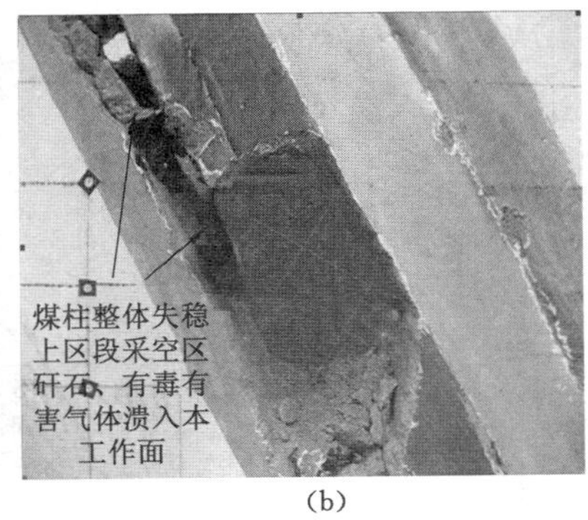

(b)

图 5-6　区段煤柱整体滑移特征

(a) 沿层面裂隙发育；(b) 上区段矸石向下滑动

根据相似模拟研究的测点布置，得到工作面开采过程中区段煤柱的受力、变形规律，如图 5-7 所示。

可以看出，随着工作面的推进，煤柱片落失稳的同时受上覆岩层的作用载荷也逐渐增加，煤柱失稳之前煤柱的变形缓慢，当区段煤柱的承受载荷达到 10.2 MPa（工作面开挖后 75～130 min 时），煤柱处于蠕变阶段，即煤柱中应力大小不变但位移持续增大阶段，蠕变之后煤柱会在瞬间达到一个应力最大值后失稳，其最大应力值为 12.3 MPa，煤柱失稳之后位移迅速增大。

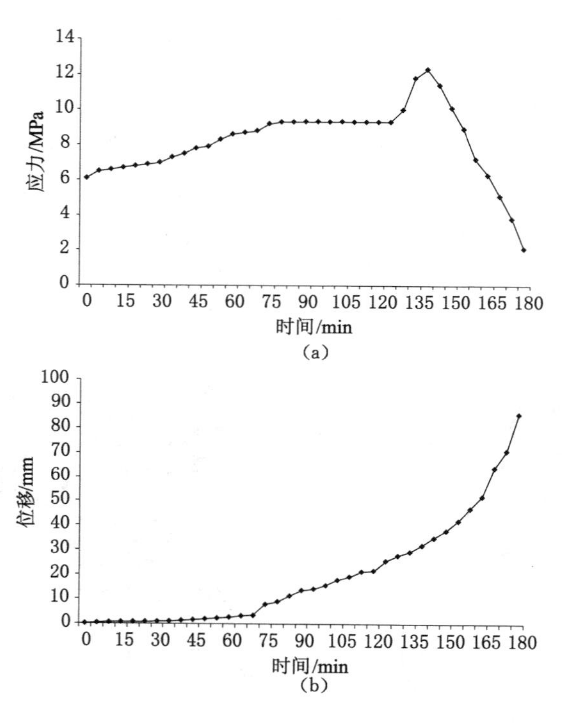

图 5-7 区段煤柱受力、变形规律

(a) 受力规律;(b) 变形规律

5.3 区段煤柱合理留设尺寸研究

急倾斜工作面区段煤柱留设尺寸大,造成采区煤炭采出率低,开采效益低,巷道掘进率高,矿井接替紧张,区段煤柱留设尺寸偏小,工作面回采过程中不能够安全生产,采场围岩控制困难,因此,需研究合理的区段煤柱留设尺寸。

区段煤柱的稳定是保证急倾斜工作面安全回采的前提,随着煤层倾角的增加,区段煤柱受到沿层面的作用力逐渐占主导作用,急倾斜煤层工作面区段煤柱的受力分析如图 5-8 所示。

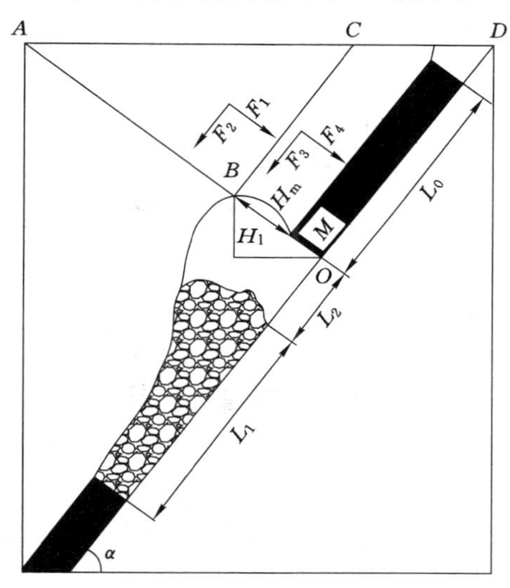

图 5-8　区段煤柱受力图

将工作面上部冒空区域上端煤岩层定义为滑落岩体，滑落岩体上覆岩层沿法向的分力 F_1 作用于滑落岩体垂直面，F_2 作用于滑落岩体沿层理方向，同时，滑落岩体还受到自身重力沿法向分力 F_4、倾向分力 F_3 和上下表面摩擦力作用，滑落岩体稳定时沿倾斜方向有如下受力关系：

$$F_1 f_1 + (F_1 + F_4) f_2 \geqslant F_2 + F_3 \tag{5-1}$$

式中，$F_1 = q_5 L_0 \cos\alpha$；L_0 为区段煤柱宽度；q_5 为上覆岩层对滑落岩体的作用载荷；α 为煤层倾角；$F_2 = q_5 L_0 \sin\alpha$，$F_3 = \gamma_1 \sum h_i L_0 \sin\alpha$，$\gamma_1$ 为滑落岩体的平均重度；$\sum h_i$ 为工作面上部滑落岩体总厚度；$F_4 = \gamma_1 \sum h_i L_0 \cos\alpha$；$f_1$，$f_2$ 分别为滑落岩体上、下表面之间的摩擦系数。将上述取值带入式(5-1) 可以得到：

$$q_5 \geqslant \frac{\sin\alpha - f_2 \cos\alpha}{(f_1 + f_2)\cos\alpha - \sin\alpha} \gamma_1 \sum h_i \tag{5-2}$$

当煤层倾角大于45°时，式(5-2)的右端分子为大于零的实数，同时，煤层倾角小于90°时，上覆岩层对滑落岩体的作用载荷 q_5 为大于零的实数，因此，当 $(f_1+f_2)\cos\alpha-\sin\alpha$ 为正时有 $q_5\geqslant 0$ 恒成立，有 $\alpha\leqslant\arctan(f_1+f_2)$，即当 $\alpha\leqslant\arctan(f_1+f_2)$ 时区段煤柱不会发生滑落失稳，当 $\alpha\geqslant\arctan(f_1+f_2)$ 时存在滑落危险。

上式中，$\sum h_i=H_m+M$，M 为工作面煤层采高。急倾斜煤层赋存条件的特殊性，决定工作面覆岩的运动形式不同于近水平煤层。当工作面上部岩层的悬顶宽度小于上覆岩层的断裂步距时上覆岩层停止垮落，顶板悬顶长度不再变化，此时垮落岩层的总厚度可以直接测得，因此，H_m 可根据具体工作面煤岩层的实际赋存条件确定。

急倾斜工作面上部基本顶、工作面下部充填矸石及工作面上部区段煤岩柱三者之间能形成平衡的压力拱结构，平衡时上覆岩层的全部重力由区段煤柱和工作面下部充填矸石支撑(支架支撑力相比可以忽略不计)，如图5-9所示。

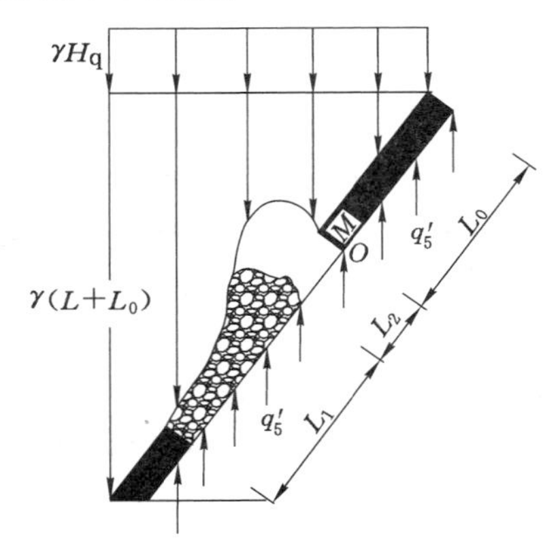

图5-9　上覆岩层受力图

根据图5-9所示受力关系，可以求得 $q_5{}'$ 为：

$$q_5{}'=\gamma H_q\frac{(L+L_0)}{L_1+L_0}+\frac{1}{2}\gamma\frac{(L+L_0)^2}{L_1+L_0}\sin\alpha \tag{5-3}$$

式中，q_5'为下伏岩层对区段煤柱的作用力，不计煤柱自重时，根据作用力与反作用力关系可知，上覆岩层对区段煤柱的作用力与下伏岩层对煤柱的作用力相等；γ为上覆岩层的平均重度；H_q为区段煤柱上端部埋深；L为工作面长度；L_1为工作面下部充填带的宽度。

区段煤柱稳定时，区段煤柱所受的各分力的合力矩也应平衡，对图5-8中O点求矩可得：

$$\frac{1}{2}F_1L_0+\frac{1}{2}F_4L_0+f_1\sum h_i=F_2\sum h_i+\frac{1}{2}F_3\sum h_i \tag{5-4}$$

由于煤层厚度相对于工作面埋深和工作面上部冒空岩层的总厚度H_m较小，可以认为$\gamma=\gamma_1$，带入式(5-4)后化简得：

$$q_5=\frac{L_0\sum h_i-(\sum h_i)^2\tan\alpha}{2\sum h_i\tan\alpha+2f_1\tan\alpha-L_0}\gamma \tag{5-5}$$

联立式(5-4)、式(5-5)可以解得：

$$\begin{cases}L_0=\dfrac{P_1+\sqrt{P_1^2+8\sin\alpha\tan\alpha[(\sum h_i)^2+(2H_q+L\sin\alpha)(f_1+\sum h_i)]}}{2\sin\alpha}\\ P_1=2f_1\sin\alpha\tan\alpha-2\sum h_i+2\sum h_i\sin\alpha\tan\alpha-2H_q-L\sin\alpha\end{cases} \tag{5-6}$$

根据式(5-6)可以得到区段煤柱留设宽度与煤层倾角、工作面采高之间的变化关系，如图5-10所示。

图5-10给出了不同采高、不同倾角下区段煤柱的合理留设尺寸，可以看出，当煤层倾角大于60°时，工作面区段煤柱的留设尺寸受倾角影响较大，当煤层倾角小于60°时，工作面区段煤柱的留设尺寸受倾角影响较小，煤柱宽度合理留设尺寸与工作面采高基本呈线性正比关系。

将新铁矿工作面实际参数带入式(5-6)可以得到区段煤柱的留设宽度应不小于13.4 m。理论分析结果表明，现场实际留设10 m区段煤柱尺寸偏小，实际在工作面正常推进过程中曾发生过因区段煤柱失稳导致工作面上部煤壁片帮、顶板破坏严重、区段煤柱侧巷道

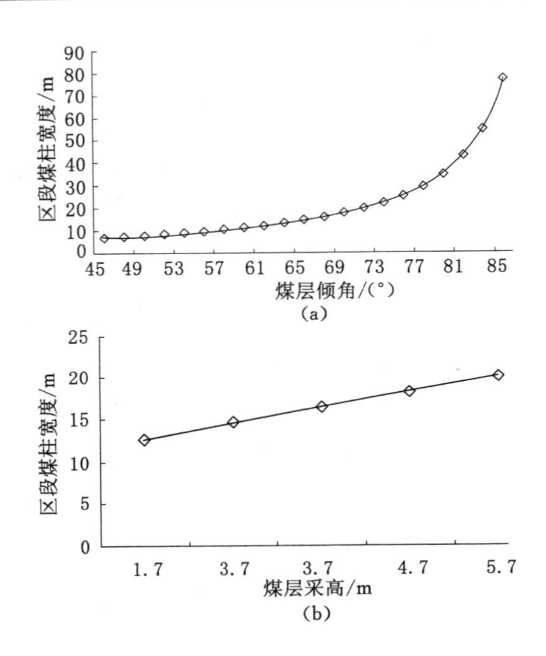

图 5-10　煤层倾角、采高与煤柱宽度关系

(a) 煤层倾角与煤柱宽度关系;(b) 煤层采高与煤柱宽度关系

围岩控制困难、工作面支架压死等问题。为了验证理论计算煤柱留设尺寸的合理性,结合煤柱破坏特征分别建立煤柱宽度为 10 m, 12 m,14 m 数值计算模型。

研究结果表明,当煤柱宽度为 10 m 时,工作面区段煤柱内塑性区已经完全发育,随着工作面的推进,煤柱周围顶底板中塑性区发育深度逐渐增加,垂直应力在顶板中影响高度为 10 m,其最大值(22 MPa)出现在煤柱中心,应力集中系数为 2.2。当煤柱宽度为 12 m 时,工作面上区段煤柱出现 2 m 左右的弹性区,但是滞后工作面 5 m 时煤柱内已经完全处于塑性破坏状态,随着煤柱尺寸的增大,工作面上部和下部应力的叠加程度减小,在顶板中影响高度为 8 m,其最大值(16 MPa)远离煤柱中心向两端发展,应力集中系数为

2。当煤柱宽度为 14 m 时，工作面上区段煤柱破坏范围在 10 m 左右，随着工作面的推进，滞后工作面 20 m 左右煤柱才处于完全塑性状态，此时煤柱失稳对工作面影响较小，最大应力值为 14 MPa，应力集中系数为 1.75。

图 5-11 中坐标轴左侧表示工作面前方，右侧表示工作面后方采空区侧，可以看出，沿走向煤柱中集中应力最大值出现在距工作面后方 40 m 处，其影响范围在工作面前方为 30 m 左右，工作面后方为 80 m 左右。

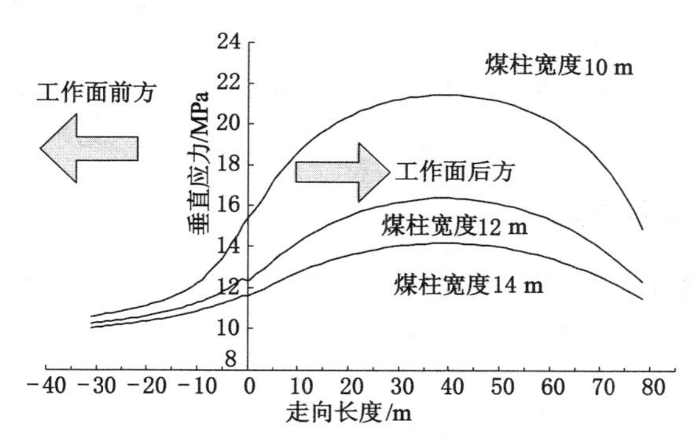

图 5-11 沿工作面走向煤柱应力分布

5.4 工作面煤壁片帮机理研究

根据急倾斜工作面煤岩受力特征可知，区段煤柱失稳后，工作面上端头煤壁受力会急剧增加，煤壁片帮严重，结合急倾斜煤层工作面现场实际观测得出煤壁片帮后存在以下几点危害：

(1) 伤人、损坏设备。急倾斜工作面由于煤层倾角大，片帮冒落的大量煤岩体在其自重作用下会沿工作面倾斜方向向下滑落或滚动，砸坏工作面设备和砸伤操作人员。

(2) 压死支架。沿工作面走向方向的顶板主要由工作面前方煤壁、液压支架、采空区后方垮落稳定的矸石支撑，煤壁片帮后造成支架控顶距变大，顶板需要支架提供的支撑力增加，此外，工作面煤壁片帮处理时间长，支架上方顶板下沉变形大，当支架的可伸缩量小于顶板的下沉量时支架会被压死。

(3) 降低工作面开机率。工作面发生片帮时，产生的大煤块、矸块会堵在采煤机的过煤口和工作面下端出煤口处，影响采煤机的运行，降低开机率，影响生产。

(4) 瓦斯超限。工作面煤壁发生片帮时，一方面大量煤矸会阻碍机道内风流的正常流动，造成工作面风量不足，另一方面工作面煤体瞬间破坏，煤体中赋存的瓦斯瞬间释放，在工作面通风风量不变时，造成工作面瓦斯超限，尤其是上隅角瓦斯超限，影响安全生产。

5.4.1 煤壁片帮机理

急倾斜工作面直接顶垮落下滑充填后对采空区下部顶板起到很好的支撑作用，可减缓下部顶板的变形下沉，支架、煤壁受载小；工作面上部顶板垮落空间大，顶板破断下沉后得不到垮落矸石的支撑，顶板旋转变形大，支架、煤壁受载大。此外，由于急倾斜煤层走向长壁工作面多呈仰伪斜布置，在工作面上部形成三角形的煤壁承载区如图 5-12 所示，三角形承载区内的煤壁处于单向或两向围压状态，其承载能力远小于工作面呈真倾斜布置时矩形煤壁承载区。综上可知，急倾斜工作面煤壁片帮主要出现在工作面上端煤壁处。

急倾斜工作面上部的顶板主要由工作面煤壁、上部区段煤柱和支架三者共同支撑，且大部分压力由工作面煤壁和区段煤柱支承，根据工作面区段煤柱的局部片落—整体滑移式的失稳特征，可知随着区段煤柱的逐渐片落破坏，煤柱尺寸逐渐减小，由煤柱承载的载荷逐渐向工作面上端煤壁转移，当煤柱整体滑移失稳后，工作面煤壁的受载大小会突然增加，如图 5-13 所示(图中，模拟急倾斜工作面平均埋深为 350 m，煤柱失稳前工作面上端煤壁区的最大主应力为 14 MPa，煤柱失稳后由于应力的转移作用煤壁应力突然增加到

22 MPa)，造成工作面上部煤壁片帮失稳严重。

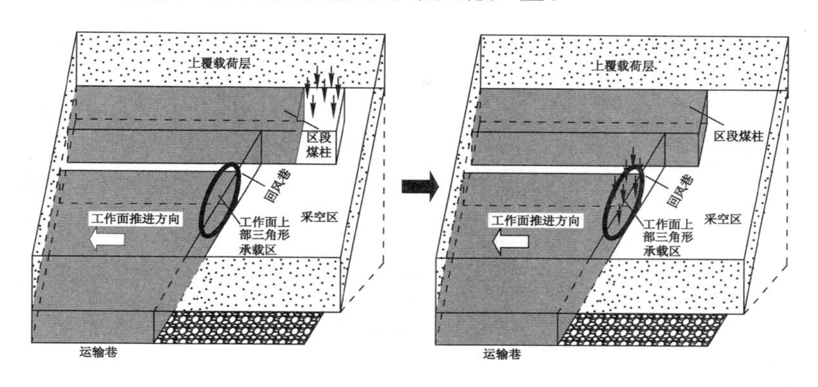

图 5-12 急倾斜综采工作面上部三角形承载区

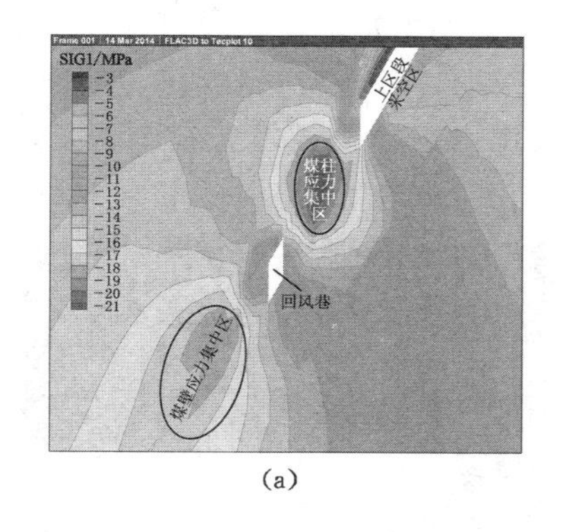

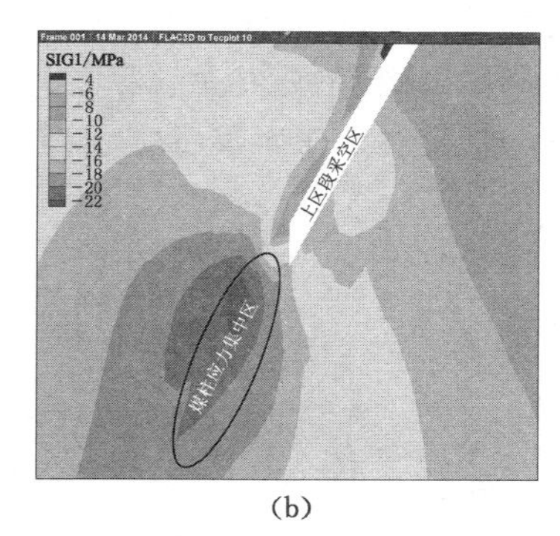

图 5-13 区段煤柱失稳前、后工作面上部煤壁受力特征

(a) 煤柱失稳前；(b) 煤柱失稳后

为研究急倾斜煤层工作面区段煤柱失稳过程中煤壁的受载大小与煤柱片落失稳尺寸之间的相互作用关系，以新铁矿 $49^{\#}_{下}$ 右六片急倾斜工作面煤层赋存及工作面开采条件为例，数值模拟研究结果如图 5-14 所示，数值模型中煤柱尺寸为 14 m。

由图 5-14 可以看出：随着煤柱片落尺寸的增加工作面煤壁中的

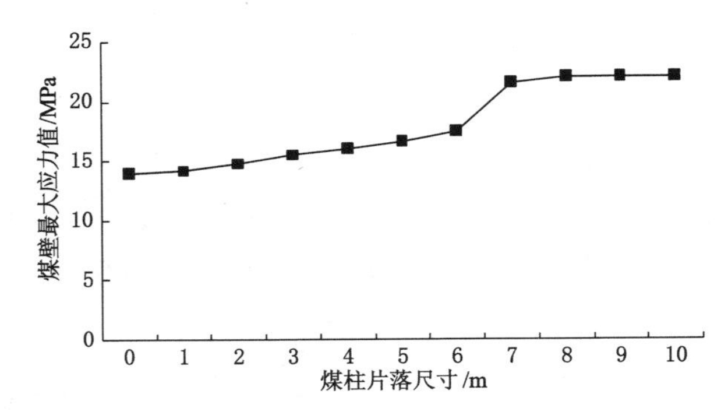

图 5-14　煤壁最大集中应力与煤柱片落尺寸相互影响关系

集中应力值会逐渐变大，但在煤柱片落失稳阶段煤壁的应力增加量较小，当区段煤柱片落失稳尺寸达到 6～7 m 时煤壁中应力会出现突然增加，增加后保持不变，说明应力突然增加对应区段煤柱发生整体滑移失稳，完全失去承载能力。

急倾斜工作面煤壁在上覆岩层作用下受力破坏特征如图 5-15 所示。

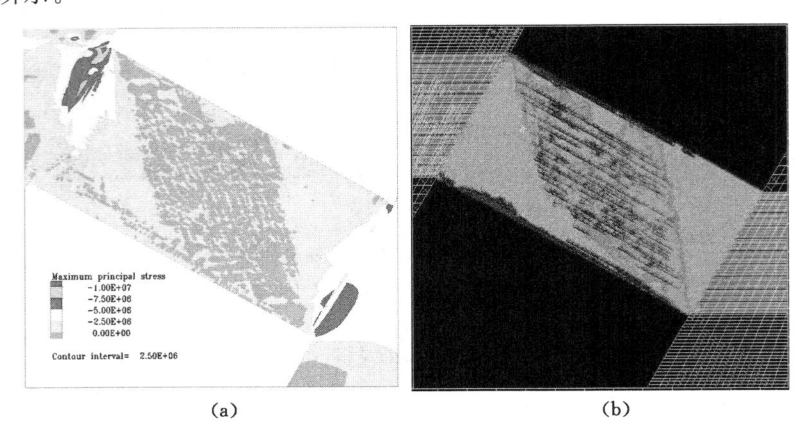

图 5-15　急倾斜工作面煤壁受力破坏特征

(a) 应力分布；(b) 塑性区分布

由图 5-15 可以看出，急倾斜工作面煤壁在上覆岩层的作用下易产生与煤层倾斜方向呈 45°左右的剪切破坏线，与水平受压煤样的“X”形破坏形式并不一样，此外，煤壁与顶板接触的右上角及与底板接触的左下角为主应力集中区。

综合上述分析可知，在工作面开采条件(采高、倾角、布置方式等)一定时，煤壁受力大小的变化或受力方向的改变是造成工作面煤壁片帮的根本原因。为分析煤壁片帮前煤壁能承受的最大屈曲应力，取工作面上部三角形承载区内的任一沿煤层真倾斜方向的截面为分析对象，煤壁的自重相对于上覆岩层的作用较小，可以忽略，上覆岩层对煤壁的作用力可分为沿倾斜方向和垂直层面的分力，为此可建立急倾斜工作面煤壁受上覆岩层作用力学模型如图 5-16(a)所示，图中，μ_3 为顶板与煤壁间的摩擦力。可将图 5-16(a)中煤壁受力问题简化为图 5-16(b)所示压杆受力模型进行分析[161-163]。

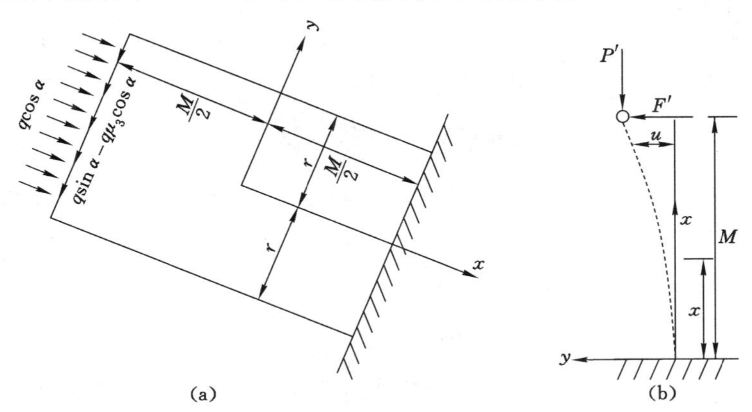

图 5-16　急倾斜工作面煤壁受力图

(a) 煤壁受力模型；(b) 煤壁受力简化模型

假设煤壁受力变形后[见图 5-16(b)中虚线]产生一微小变形 u，根据材料力学中压杆稳定理论[164,165]可知，压杆在受力产生弯曲变形后的平衡微分方程为：

$$\frac{d^2 y}{dx^2} = \frac{M(x)}{EI} \tag{5-7}$$

式中，x 为煤壁中任一点距底板的距离；y 为煤壁中任一点产生的挠度；$M(x)$ 为煤壁任一截面产生的力矩；I 为截面中性轴产生的惯性矩。根据图中受力关系可知煤壁任一截面产生的力矩为：

$$M(x) = P'(u-y) + F'(M-x) \tag{5-8}$$

令 $k_1^2 = P/EI$，结合式(5-7)和式(5-8)可以得到：

$$\frac{d^2 y}{dx^2} + k_1^2 y = k_1^2 u + \frac{F'}{EI}(M-x) \tag{5-9}$$

式(5-9)的通解为：

$$y = u + \frac{F'}{P'}(M-x) + A\sin k_1 x + B\cos k_1 x \tag{5-10}$$

式中，A，B 为系数。根据图 5-16(b)所示的受力特征可知压杆的边界条件为：

$$y|_{x=0} = 0, y'|_{x=0} = 0, y''|_{x=M} = 0 \tag{5-11}$$

将边界条件带入式(5-10)可得：

$$\tan k_1 M = (\frac{uP'}{F'} + M)k_1 \tag{5-12}$$

式(5-12)为煤壁受压失稳时的超越方程，根据图 5-16(a)和图 5-16(b)的对应关系，可知 $P'=q\cos\alpha$，$F'=q\sin\alpha-\mu_3 q\cos\alpha$，带入式(5-12)可得：

$$P_{cr} = [\arctan(\frac{u}{\tan\alpha-\mu_3} + M)k_1]^2 \frac{EI}{M^2} \tag{5-13}$$

式中，P_{cr} 为急倾斜工作面煤壁片帮前能够承受的屈曲应力。将实际工作面开采参数代入式(5-13)可以得到煤壁发生片帮的屈曲应力，煤壁承受的应力小于屈曲应力时煤壁保持稳定，大于屈曲应力时煤壁发生片帮。

5.4.2 煤壁片帮控制

针对急倾斜煤层综采工作面煤壁片帮危害，结合急倾斜煤层工作面煤壁受力片帮机理，从以下几个方面提出急倾斜工作面煤壁片帮控制技术：

(1) 适当增加区段煤柱留设尺寸。上述分析表明，区段煤柱失稳会加剧煤壁片帮，根据工作面煤壁、区段煤柱、支架以及顶板之间的相互作用关系可知，工作面区段煤柱尺寸增加可以提高对工作面顶板的支承作用，有利于煤壁稳定控制。

(2) 工作面俯斜布置。俯斜布置增加工作面上部煤壁承载区的承载面积，改善煤壁受力，使煤壁受力方向指向煤壁深部，提高煤壁承载能力，增加其稳定性。

(3) 合理控制工作面采高。相关研究表明[165,166]，采高越大即工作面采动范围越大，上覆岩层破断结构体的旋转变形空间越大，顶板对煤壁产生作用力越大，因此，在工作面煤层地质赋存条件一定时，合理控制工作面开采高度可以降低急倾斜工作面煤壁片帮程度。

(4) 加固煤壁。为了便于工作面采煤机割煤，在工作面片帮严重区域打设竹锚杆、木锚杆或玻璃钢锚杆。

(5) 充分利用液压支架护帮装置。采煤机割煤后及时打开液压支架护帮板，将煤壁由单向受力或二向受力状态变为三向受力状态，提高其稳定性。

5.5 工作面巷道围岩变形机理研究

5.5.1 回采巷道受力变形特征分析

急倾斜煤层长壁工作面沿倾斜方向布置，回采巷道呈水平布置，工作面与回采巷道之间特殊的连接方式使区段煤柱成了巷道的帮部和顶板[155]，如图 5-17 所示，形成帮顶倒置的特殊赋存状态，区段煤柱的失稳会加剧巷道的变形破坏，此外，由于煤岩层之间强度差异，接触面间节理裂隙发育，顶板与上帮岩层在受以平行层面为主的作用力下向下变形破坏严重、下滑趋势明显，围岩稳定控制困难。因此，研究急倾斜工作面回采巷道围岩变形机理及其控制技术，对改善巷道围岩控制、实现急倾斜煤层安全开采具有很重要的现实意义。

急倾斜工作面巷道受力如图 5-18 所示，巷道周围煤岩层的自重为 G_h，其沿垂直层面的分力为 g_1，平行层面的分力为 g_2，g_1 主要沿垂直层面分布作用于巷道的下帮，g_2 主要沿平行层面作用于巷道的顶板和上帮，对于急倾斜煤层平行层面的分力 g_2 大于垂直层面分力 g_1，即平行层面的分力 g_2 起主要破坏作用。

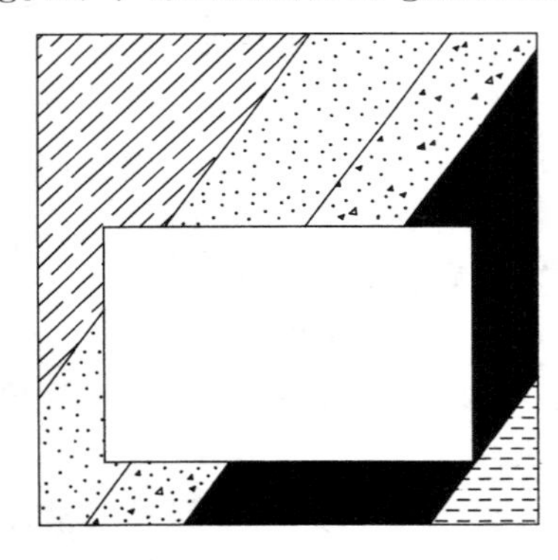

图 5-17　巷道围岩赋存特征

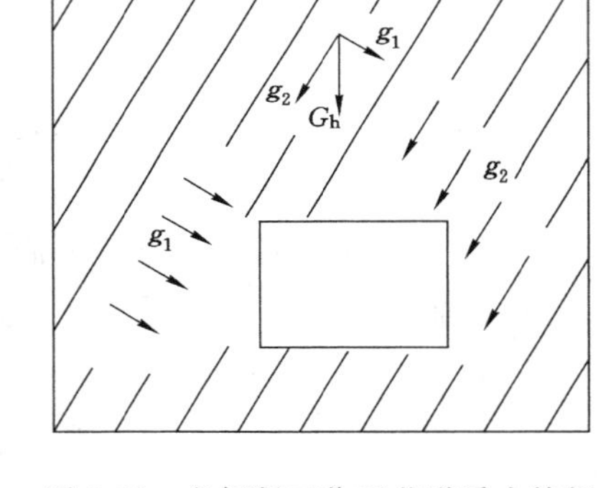

图 5-18　急倾斜工作面巷道受力特征

结合上述急倾斜煤层工作面回采巷道的受力特征可将巷道的两帮和顶板构建成由 3 个单元组成的杆件结构，如图 5-19 所示，图中，a 为巷道宽度，b 为巷道高度，模型下端为固结状态，假设巷道三边的弹性模量 E、横截面积 A、惯性矩 I 都相等。

图 5-19 所示力学结构属于 3 次超静定问题，可利用矩阵位移法对其进行求解，即：

$$\boldsymbol{K\Delta} = \boldsymbol{F}_{\mathrm{P}} \tag{5-14}$$

式中，$\boldsymbol{K}$ 为刚度矩阵；$\boldsymbol{\Delta}$ 为结点的位移；$\boldsymbol{F}_{\mathrm{P}}$ 为结点力。式(5-14) 表示三者之间的变化关系，称为刚度方程。图 5-19 中，结构有 3 个单元，4 个结点，12 个位移分量，分别为：$\Delta_1 = u_1$，$\Delta_2 = v_1$，$\Delta_3 = \theta_1$，$\Delta_4 = u_2$，$\Delta_5 = v_2$，$\Delta_6 = \theta_2$，$\Delta_7 = u_3$，$\Delta_8 = v_3$，$\Delta_9 = \theta_3$，$\Delta_{10} = u_4$，$\Delta_{11} = v_4$，

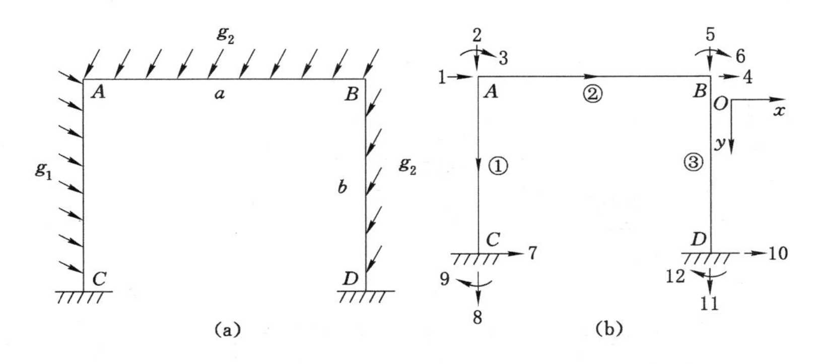

图 5-19　急倾斜工作面回采巷道受力图

$\Delta_{12}=\theta_4$，局部坐标已在图中用箭头的方向标出，因此可以得到单元①、②、③的局部坐标刚度矩阵为：

$$\bar{\boldsymbol{k}}^{①}=\bar{\boldsymbol{k}}^{②}=\bar{\boldsymbol{k}}^{③}=\begin{bmatrix} \frac{EA}{a} & 0 & 0 & -\frac{EA}{a} & 0 & 0 \\ 0 & \frac{12EI}{a^2b} & \frac{6EI}{ab} & 0 & -\frac{12EI}{a^2b} & \frac{6EI}{ab} \\ 0 & \frac{6EI}{ab} & \frac{4EI}{a} & 0 & -\frac{6EI}{ab} & \frac{2EI}{b} \\ -\frac{EA}{b} & 0 & 0 & \frac{EA}{b} & 0 & 0 \\ 0 & -\frac{12EI}{ab^2} & -\frac{6EI}{ab} & 0 & \frac{12EI}{ab^2} & \frac{12EI}{ab^2} \\ 0 & \frac{6EI}{ab} & \frac{2EI}{b} & 0 & -\frac{6EI}{ab} & \frac{4EI}{b} \end{bmatrix} \tag{5-15}$$

根据局部坐标的刚度矩阵可以求得整体坐标系的刚度矩阵，进而可以求得等效结点载荷和杆端部作用力，由计算结果可绘制出如图 5-20 所示的弯矩图，图中弯矩位于巷道内侧表示其作用方向指向巷道内侧，弯矩在巷道外侧表示其作用方向指向巷道外深部岩体中。

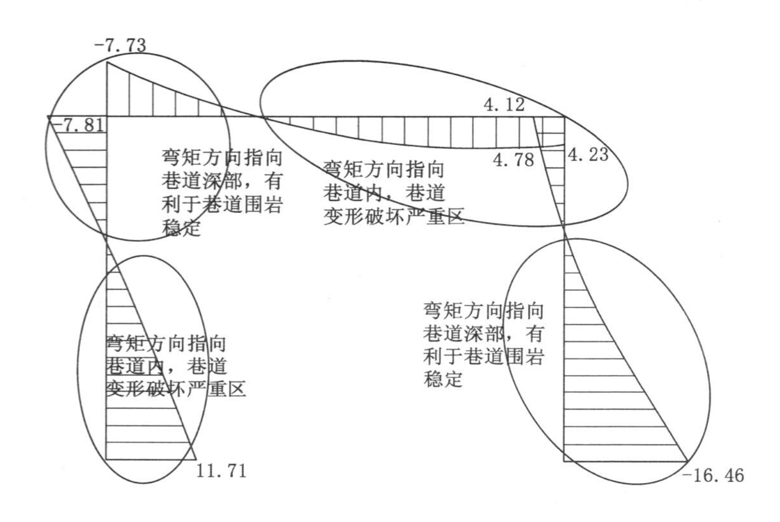

图 5-20　巷道周边弯矩分布规律

由图 5-20 可以看出，急倾斜煤层工作面回采巷道的受力具有明显的非对称性，巷道右上角和左下角处受到的弯矩方向指向巷道内部，加剧了巷道围岩的变形破坏，为主要受力变形区域，巷道的左下角一般为煤层的顶板岩层，强度较煤层大；巷道的左上角和右下角处受到的弯矩方向指向巷道深部围岩，有利于巷道围岩形成拱式承载结构，围岩稳定性相对较好。因此，当巷道上帮和顶板为区段煤柱时，由于煤岩体强度差异及节理面的存在，巷道上帮和顶板变形破坏严重，为急倾斜煤层工作面巷道围岩控制的重点区域。

5.5.2　回采巷道围岩控制

由急倾斜工作面回采巷道的变形破坏机理分析可知，在工作面煤层赋存条件及工作面回采巷道布置方式确定的条件下，回采巷道的变形破坏主要是由巷道附近的煤岩体之间的变形不协调引起的，为此重点提出通过加固区段煤柱、改善巷道围岩支护参数、设计改造高强度的巷道超前支护液压支架组提高巷道煤岩体的整体性，提高巷道围岩的支承能力。

（1）非对称锚网索支护

分析表明，急倾斜工作面回采巷道的顶板与上帮为主要破坏区域，是巷道围岩控制的重点区域，支护设计时需要加强支护，巷道下帮和底板受力作用方向指向围岩深部变形破坏程度低，因此，为降低急倾斜工作面回采巷道支护成本，充分发挥支护体的支护作用，提出巷道顶板和上帮采用锚网索支护，巷道下帮和底板不支护的非对称支护方法。

新铁矿 $49^{\#}$ 急倾斜煤层分为 $49^{\#}_{上}$ 和 $49^{\#}_{下}$，两分层之间存在 1 m 厚的粉砂岩，右六片工作面开采 $49^{\#}_{下}$ 分层，工作面运输巷和回风巷的尺寸都为 3.6 m(宽)×3.0 m(高)，净断面积 10.8 m^2，巷道顶板采用三排预应力树脂锚索联合铁网及钢带支护(铁网支护范围为巷道顶板和上帮两煤层间围岩较为破碎区域)，锚索长度分别为 4.5 m 和 6.0 m，直径 18 mm，间、排距 1.0 m×1.0 m；巷道上帮结合顶板两根锚杆与一根锚索联合铁网钢带形成帮部与顶板煤体全封闭的刚柔支护，巷道下帮和底板由于变形小不打设锚杆，上帮锚杆长度 1.6 m，直径 20 mm，间、排距 1.0 m×1.0 m，顶部锚杆间、排距 0.8 m×0.8 m，如图 5-21 所示。

（2）全封闭的超前支护液压支架组支护

在采动影响作用下工作面超前一定范围内的巷道围岩处于采动应力影响区，此区域内的巷道变形量大、片帮严重，片落的煤岩体易损坏回采巷道中的运输设备和砸伤工作人员，此外，工作面上端头片落的煤岩体会飞入工作面给人员、设备造成危险，当片落块体较大时可能推倒工作面支架等设备。如果采用单体液压支柱对回采巷道进行超前支护，不仅劳动强度大、安全性差、工作面推进速度慢，且不能对巷道帮部煤壁起到控制作用，为此研制了可自移的两巷超前支护液压支架组。

超前支护液压支架组是通过推移千斤顶将两台液压支架连接在一起，移架时以其中一个支架为支点、利用推移千斤顶可实现自移，

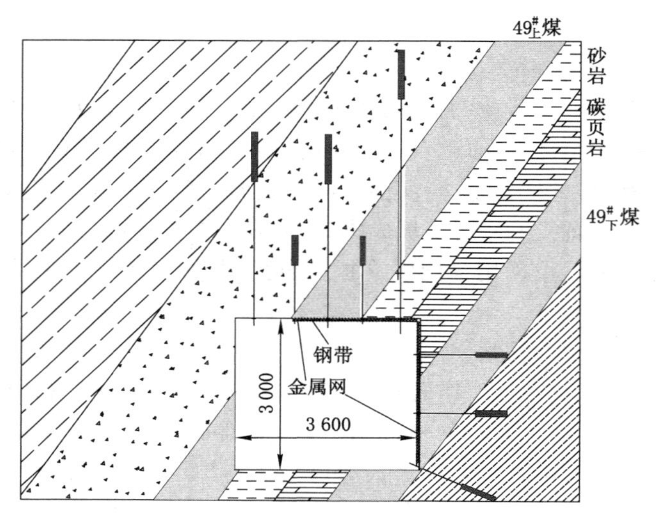

图 5-21　急倾斜工作面回采巷道非对称性支护设计

此外，为了使超前支护液压支架组能够对巷道帮部（尤其是上帮）的煤壁具有较好的护帮作用，将液压支架的侧护板设计并改造成具有护帮作用的护帮板，同时，为减小巷道片落岩体对工作面回采的影响，在工作面回风巷（上巷）与工作面端头支架搭接处设计有后侧挡矸板，后侧挡矸板与工作面上端头支架搭接后形成全封闭的操作空间，保证了急倾斜工作面的安全开采。超前支护液压支架组每组长 11.12 m，结合采动对回采巷道的超前影响范围可知上下巷各装两组可满足要求。超前支护液压支架组的连接方式和护帮示意图如图 5-22 和图 5-23 所示。

(3) 煤体注浆加固

结合上述分析，可知区段煤柱失稳是引起急倾斜工作面回采巷道变形破坏严重的主要原因，保证区段煤柱的整体稳定有利于巷道围岩控制。当工作面煤体强度较低时，回采巷道采用常规的锚网索支护，锚杆或锚索打设在煤壁中时很难找到有力的着力点（见图5-24），这种

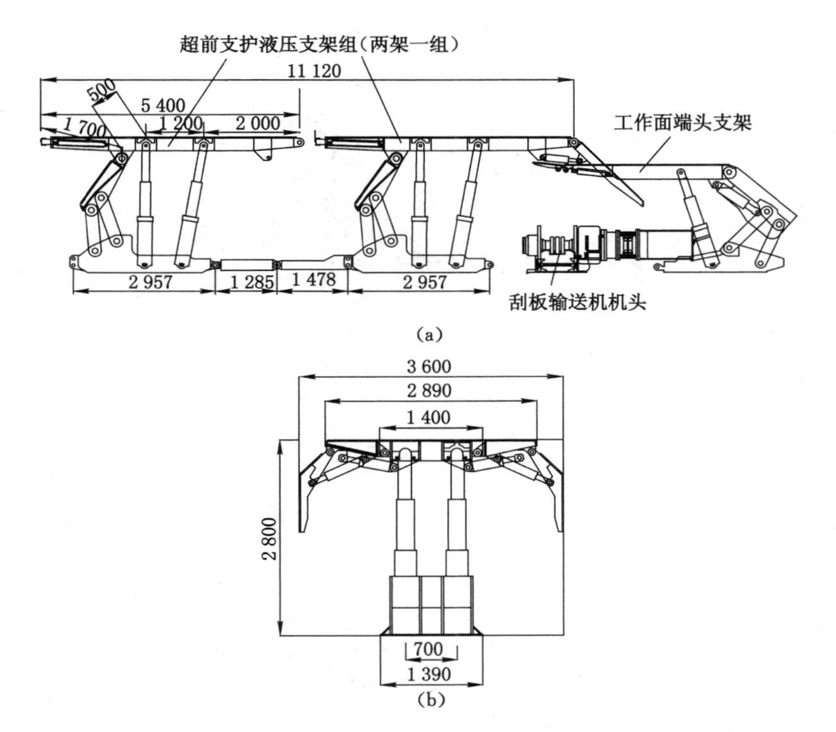

图 5-22　超前支护液压支架组改造图

(a) 侧视图;(b) 后视图

情况下采用锚杆锚索直接支护不仅不能起到控制围岩作用,而且会增加围岩体的节理程度,加剧巷道的变形破坏。为此,提出对巷道周围破碎煤岩区进行注浆加固的方法控制巷道围岩变形。

煤壁注浆加固可提高破碎煤岩体的整体性,增加煤岩体的承载能力,同时也可为锚杆锚索提供可靠的锚固着力点。

为分析注浆加固对急倾斜工作面巷道围岩稳定控制效果,利用数值模拟软件分析注浆前和注浆后巷道围岩的垂直应力、垂直位移以及塑性区发育规律,如图 5-25 和图 5-26 所示,模拟时通过改变加固区内块体的力学参数实现加固作用。

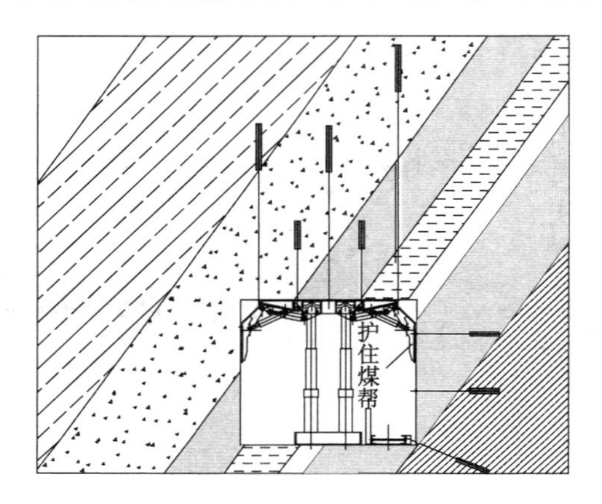

图 5-23　回采巷道超前加强支护

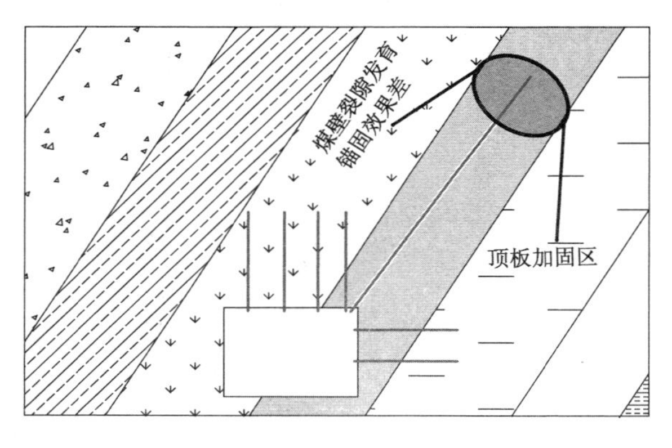

图 5-24　巷道围岩支护示意图

图 5-25 与图 5-26 给出了急倾斜工作面回采巷道注浆加固前与注浆加固后的受力变形图，通过对比可知，注浆加固前巷道的顶底板与上帮为主要变形与塑性破坏区，煤壁注浆加固后可增加巷道周围破碎煤体的承载能力，在巷道表面形成压力承载拱抵御上覆岩层作用，同时，由于上帮和顶板的承载能力增加，减小了巷道下帮的受力，改善了巷道围岩受力与承载性能。

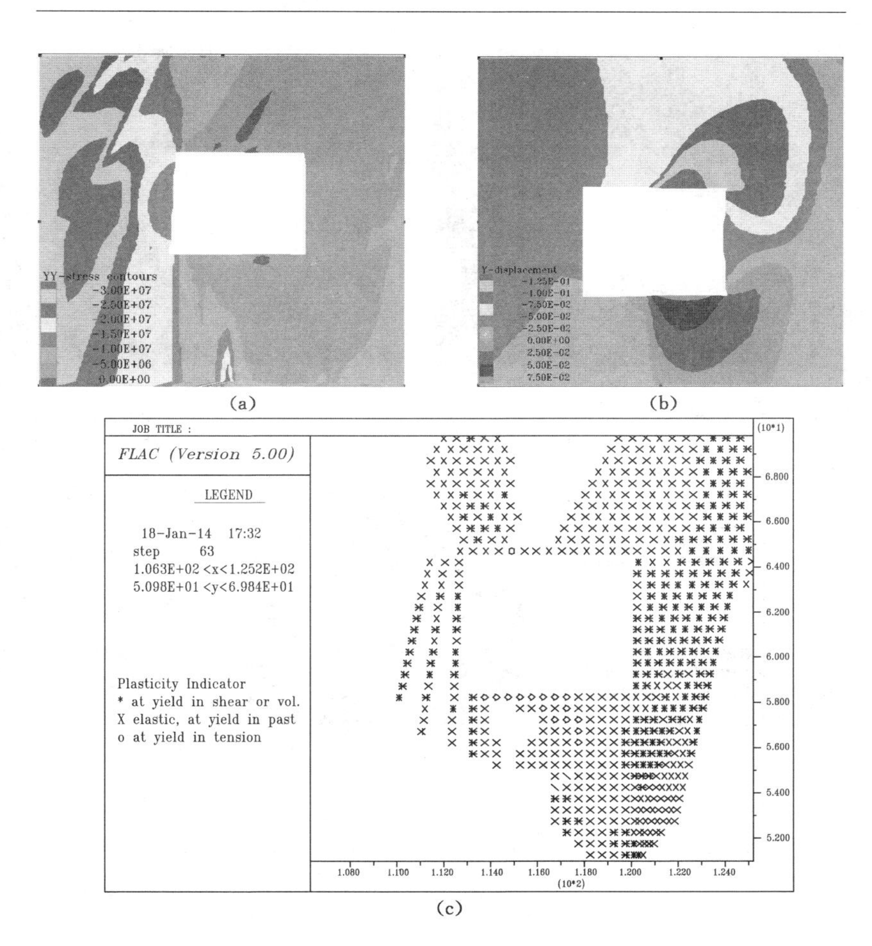

图 5-25 煤体注浆加固前围岩受力变形图

(a) 垂直应力;(b) 垂直位移;(c) 塑性区

5.5.3 回采巷道矿压规律分析

为验证急倾斜煤层综采工作面巷道围岩变形特征,在工作面推进过程中分别对巷道表面位移及深基点围岩的变形位移进行了实

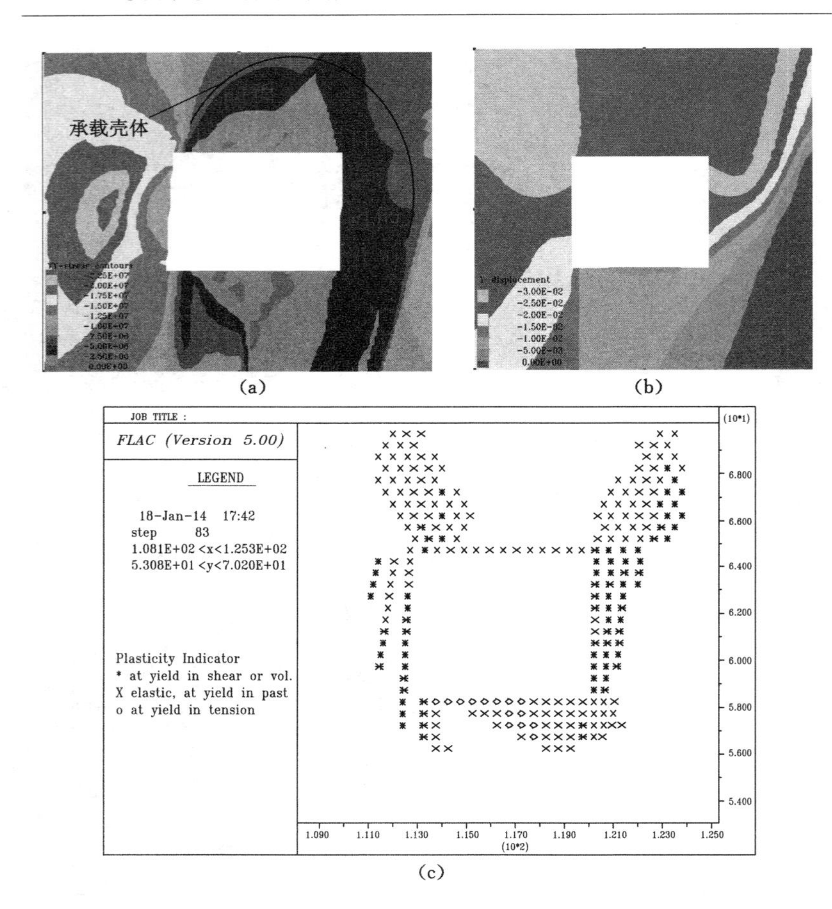

图 5-26 煤体注浆加固后围岩受力变形图

(a) 垂直应力;(b) 垂直位移;(c) 塑性区

测。距工作面开切眼分别为 35 m、50 m、70 m 处分别设三个表面位移监测站,对巷道顶底板和两帮变形量进行监测,距巷道开切眼 70 m 处设置深基点监测站分别对巷道顶板以及两帮的深部围岩变形进行监测,每个深基点位移监测点能够同时对距巷道表面 1.5 m、3 m、4.5 m、6 m 四个点的围岩变形量进行监测。

(1) 表面位移实测分析

图 5-27 为急倾斜煤层综采工作面巷道表面位移随工作面推进变形关系曲线,可以得出:

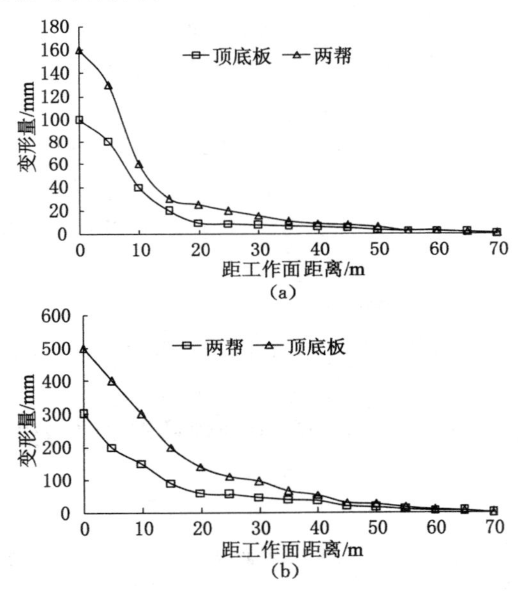

图 5-27 巷道表面位移随工作面推进变形规律曲线

(a) 运输巷;(b) 回风巷

① 急倾斜工作面回风巷与运输巷受工作面采动影响程度并不一样,其主要变形规律为:回风巷受采动影响大,超前影响范围大,运输巷受采动影响小,超前影响范围相对较小,回风巷顶底板变形大于两帮变形,运输巷两帮变形大于顶底板变形。表明工作面上部顶板在采动作用下运动剧烈。

② 运输巷的下帮(靠煤柱侧)和底板受工作面采动影响较小,顶板和上帮(靠工作面侧)受采动影响较大,尤其是上帮,呈现两帮变形大于顶底板变形,两帮的最大移近量为 162 mm,最大变形速率 11 mm/d,顶底板的最大移近量为 101 mm,最大变形速率 7 mm/d。

③ 回风巷围岩变形具体表现为顶底板变形大于两帮变形，两帮的最大移近量为 310 mm，最大变形速率 15 mm/d，顶底板的最大移近量为 527 mm，最大变形速率 25 mm/d。

④ 急倾斜工作面回采巷道随工作面推进同样可分为三个影响阶段，但回风巷的影响距离要大于运输巷：a. 无采动影响阶段，回风巷为距工作面 50 m 以外区域，运输巷为距工作面 40 m 以外区域；b. 采动影响阶段，回风巷为距工作面 20～50 m 的区域，运输巷为距工作面 15～45 m 的区域；c. 采动影响剧烈阶段，回风巷超前工作面 20 m 范围，运输巷超前工作面 15 m 范围，在此区域内，巷道围岩变形量急剧增大，围岩控制困难。

(2) 深基点位移实测分析

图 5-28 为急倾斜综采工作面回采巷道围岩深基点位移随工作面推进变形规律曲线，可以得出：

① 因受工作面回采的影响，巷道深部围岩也产生了明显变形，但同一测点不同深度的围岩变形量不同，表现为距巷道表面越近变形量越大的特征。

② 巷道深基点位移也呈现出回风巷变形大于运输巷的特征。运输巷上帮测点的深部围岩变形大于顶板测点，顶板测点大于下帮测点；回风巷顶板测点处的深部围岩变形大于上帮测点，上帮测点大于下帮测点。验证了急倾斜工作面回采巷道顶板和上帮变形破坏较为严重的特征。

③ 巷道深部围岩呈非线性变形，从观测数据分析，运输巷的围岩破碎范围为 0～1.5 m，回风巷的围岩破碎范围为 0～4.5 m。

5.6 顶板大面积破断机理研究

急倾斜煤层工作面区段煤柱失稳前，工作面上部顶板分别由本工作面区段煤柱和上区段工作面区段煤柱、本工作面垮落矸石以及上区段工作面垮落矸石形成的三点支撑，区段煤柱失稳后工作面上

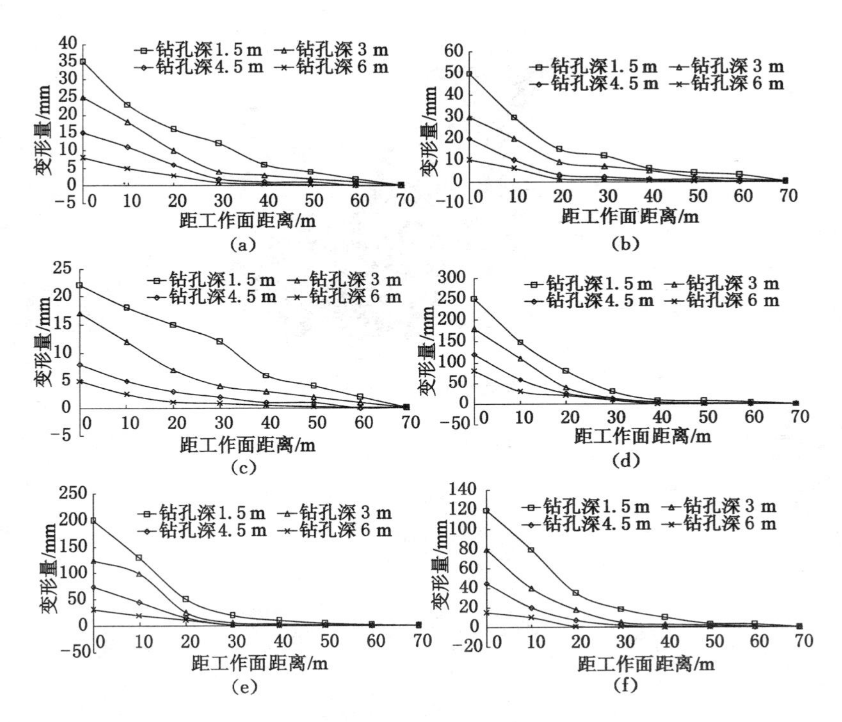

图 5-28 巷道深基点位移随工作面推进变形规律曲线

(a) 运输巷顶板;(b) 运输巷上帮;(c) 运输巷下帮;

(d) 回风巷顶板;(e) 回风巷上帮;(f) 回风巷下帮

部顶板由三点支撑状态变为两点支撑状态,上覆顶板的跨度突然增加会引起大范围的顶板破断失稳,失稳顶板会沿着工作面倾斜方向下滑,给工作面安全生产造成灾害,如图 5-29 所示。

区段煤柱失稳前采场围岩赋存状态如图 5-30 所示,失稳前单个工作面范围内的顶板受力与煤柱失稳后两个工作面范围内的顶板受力具有相似性,即煤柱失稳前后上覆顶板的边界条件相似,只是顶板的悬顶长度变为原来的两倍,工作面顶板倾斜岩梁受力如图5-31(a)所示,由于顶板的下端受下伏压实煤岩体及上覆岩层的限制为固支

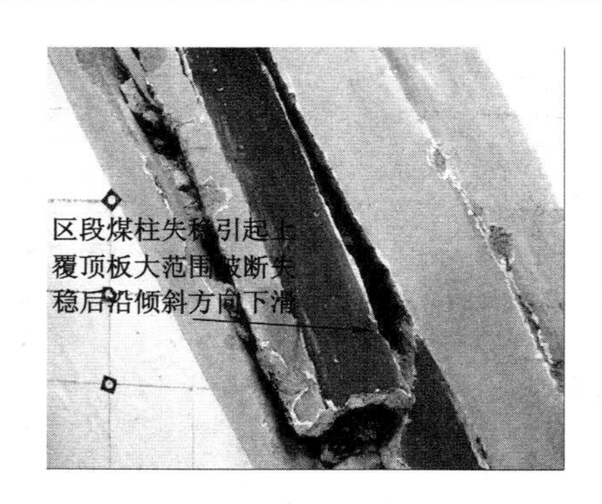

图 5-29　区段煤柱失稳引起上覆顶板大面积垮落

边界，梁的上端在煤柱和上覆岩层作用下不能沿垂直层面产生位移，但可以沿倾斜方向产生位移，因此梁的上端为简支边界。

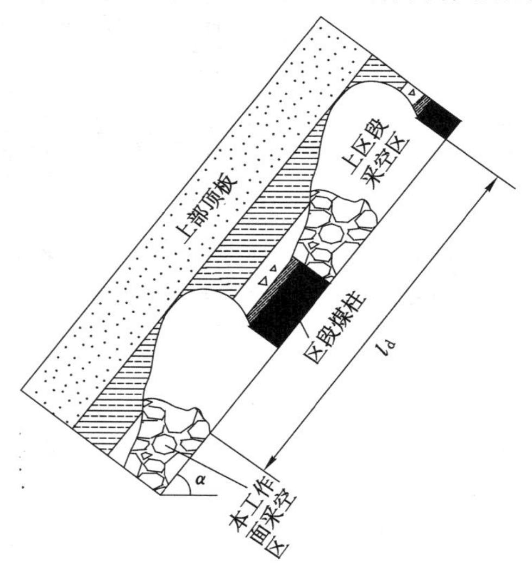

图 5-30　急倾斜工作面上部顶板赋存特征

图中，q_7 为上覆岩层对基本顶岩层垂直层面的作用力；q_6 为上覆岩层对基本顶沿层面的作用力；P_2 为工作面上端顶板受到上方岩层沿层面的作用力；l_x为工作面上部悬空顶板的长度。研究的问题是急倾斜工作面上部悬空顶板受力破断特征，因此，顶板产生变形后仅能受到上覆一层或几层覆岩作用，其作用力可以简化为均布载荷作用，此外，q_6相对于P_2较小，可以忽略，因此，图5-31(a)可以简化为图5-31(b)所示的受力特征，图中，M_O为梁的静不定问题求解过程中解除端头约束产生的弯矩，当只有q_7作用时梁的挠度方程为：

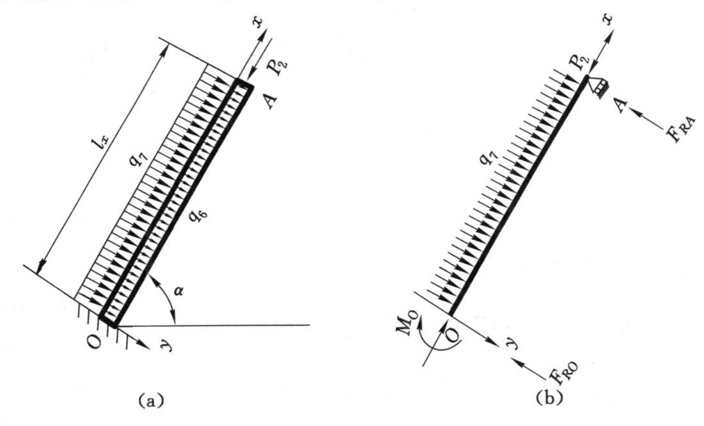

图5-31　急倾斜工作面上部悬空顶板受力

$$\begin{cases} y_1 = \dfrac{q_7 l_x^4}{16EIu^4}\left[\dfrac{\cos(u-2ux/l_x)}{\cos u}-1\right]-\dfrac{q_7 l_x^{\ 2}}{8EIu^2}x(l_x-x) \\ u=\dfrac{kl_x}{2}=\dfrac{l_x}{2}\sqrt{\dfrac{P_2}{EI}} \end{cases} \tag{5-16}$$

急倾斜工作面顶板下端为固支约束，因此，解除约束后q_7和M_O对下端头O点产生的转角之和为零，可得：

$$\begin{cases} \dfrac{q_7 l_x^3}{24EI}x(u)+\dfrac{M_O l_x}{3EI}\varphi(u)=0 \\ x(u)=\dfrac{3(\tan u-u)}{u^3} \\ \varphi(u)=\dfrac{3}{2u}\left(\dfrac{1}{2u}-\dfrac{1}{\tan 2u}\right) \end{cases} \tag{5-17}$$

根据式(5-17)可以解得：

$$M_O = \frac{-q_7 l_x^2}{8} \frac{x(u)}{\varphi(u)} \tag{5-18}$$

式(5-18)中负号表示弯矩的方向与图中标示的方向相反。当仅有 M_O 作用时工作面顶板产生的挠度方程为：

$$y_2 = \frac{M_O}{P_2}\left[\frac{\sin(2u - 2ux/l_x)}{\sin 2u} - \frac{l_x - x}{l_x}\right] \tag{5-19}$$

根据挠度的叠加原理，可以得出工作面上部悬空顶板的挠度方程为：

$$y = y_1 + y_2 \tag{5-20}$$

结合挠度和弯矩的关系可以得到顶板的弯矩方程：

$$M = \frac{q_7 l_x^2}{4u^2}\left[1 - \frac{\cos(u - 2ux/l_x)}{\cos u}\right] + \frac{q_7 l_x^2}{8} \frac{\sin(2u - 2ux/l_x)}{\sin 2u} \frac{x(u)}{\varphi(u)} \tag{5-21}$$

因此，可以得到顶板的最大弯矩为：

$$\begin{cases} M_{\max} = \dfrac{q_7 l_x^2}{8}\left[\lambda(u) + \dfrac{x(u)}{\varphi(u)}\sec u\right] \\ \lambda(u) = \dfrac{2(1-\cos u)}{u^2 \cos u} \end{cases} \tag{5-22}$$

可以看出，求解上述公式的关键是确定上覆岩层沿垂直层面的作用力 q_7，一般情况下直接作用于基本顶上方的岩层由一层或几层组成，确定载荷时需根据各岩层间的相互影响来确定。判断上覆岩层对下方岩层产生作用可以根据下式确定[147]。

$$(q_n)_1 > (q_{n-1})_1 \tag{5-23}$$

式中，$(q_n)_1$ 为基本顶上覆第 n 层岩层对下方第一层岩层产生的作用力，当式(5-23)成立时表示上覆第 n 层岩层对下方第一层岩层产生作用，反之不产生作用。$(q_n)_1$ 的表达式为：

$$(q_n)_1 = \frac{E_1 h_1^3 (\gamma_1 h_1 + \gamma_2 h_2 + \cdots + \gamma_n h_n)\cos\alpha}{E_1 h_1^3 + E_2 h_2^3 + \cdots + E_n h_n^3} \tag{5-24}$$

式中，E_n 为第 n 层岩层的弹性模量；h_n 为第 n 层岩层的厚度；γ_n 为第

n 层岩层的重度。结合上述上覆岩层对基本顶岩层产生作用力的判别方法，可得上覆岩层的作用力为：

$$q_7 = (q_1)_1 + (q_2)_1 + \cdots + (q_n)_1 \tag{5-25}$$

根据新铁矿 49$^{\#}_{下}$ 右六片急倾斜工作面实际开采参数，结合式(5-22)中弯矩与拉破坏应力之间的关系，可以得到最大破坏拉应力与工作面上部顶板悬顶长度之间的变化关系，如图 5-32 所示。

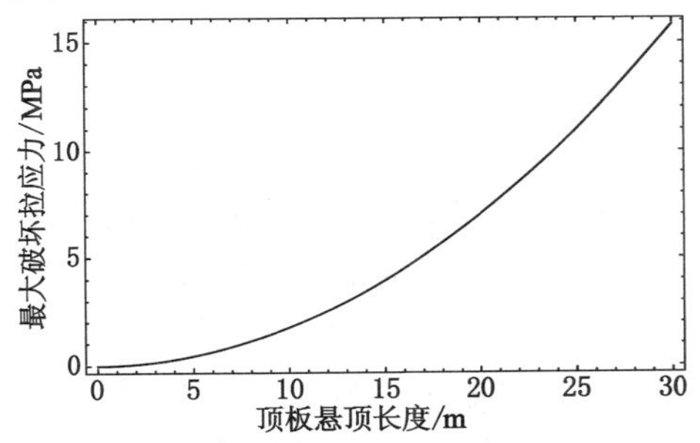

图 5-32 顶板悬顶长度与最大破坏应力变化曲线

由图 5-32 可以看出，随着悬顶长度的增加顶板中最大破坏应力呈现非线性逐渐增大的变化，工作面悬顶长度越大，破坏应力越大。根据新铁矿急倾斜工作面开采参数及矸石的垮落充填特征可知，工作面上端悬顶长度为 14 m 左右，此时顶板中最大破坏应力为 3.43 MPa，当区段煤柱突然失稳后，顶板的悬顶长度变为 28 m，此时顶板中的最大破坏应力瞬时变为 13.75 MPa，可知区段煤柱失稳后，顶板中的破坏应力呈数倍增大，导致大面积悬空顶板变形破断严重，给工作面造成灾害。

5.7 本章小结

(1) 区段煤柱下端的垂直应力集中程度明显高于煤柱上端，剪切应力主要分布在煤柱上端的底板和下端的顶板中。倾角越大，垂直应力集中程度减小，影响范围变大，剪切应力集中程度减小，影响范围变小。相同倾角下煤柱的下端破坏宽度要大于上端，煤柱上部呈现“正台阶”形破坏，煤柱下部呈现“倒台阶”形破坏。

（2）揭示了急倾斜工作面区段煤柱的局部片落—整体滑落失稳方式，即煤柱下端的塑性破坏区先沿倾斜方向向下片落，片落后塑性区会继续向煤柱深部发展，直至煤柱尺寸不足以支撑上覆岩层时发生整体滑落。结合煤柱受力破坏特征，得出了区段煤柱的留设尺寸受倾角影响较大，与工作面采高呈线性正比变化关系，确定了区段煤柱合理留设尺寸的计算方法。

（3）建立了煤壁、回采巷道以及工作面上部悬空顶板受力模型，分析了三者与区段煤柱之间的联动失稳机理，制定了以控制采高、加快工作面推进速度、改变工作面布置方式和改善煤壁强度的方法控制煤壁片帮，以煤体注浆加固、非对称性锚网索支护、全封闭超前支护液压支架组的方法控制巷道围岩变形的方法。

（4）揭示了急倾斜工作面回采巷道以上帮和顶板为主要破坏区的力学机制。现场实测表明，回风巷受采动影响大，超前影响范围大，顶板围岩变形大于上帮，上帮大于下帮；运输巷受采动影响小，超前影响范围相对要小，上帮围岩变形大于顶板，顶板大于下帮。验证了急倾斜工作面回采巷道顶板和上帮变形破坏较为严重的特征。

6　急倾斜长壁综采工作面设备稳定控制及安全保障技术

急倾斜煤层综采工作面倾角大，煤岩设备受沿层面方向的分力作用大，垂直层面的分力作用小，工作面设备滑、倒及架间挤、咬现象加剧，设备前移过程中下滑严重、控制困难，支护系统的静态与动态失稳又会加剧工作面煤岩体的失稳，进而影响工作面正常生产，因此，急倾斜工作面岩层控制的重点不仅是提高支护系统的工作阻力，且需提高整个支护系统的稳定性。此外，工作面割落和片帮产生的煤岩体在倾角影响下会加速向工作面下部飞落，给工作面人员、设备安全带来危害。为此本章结合理论分析、数值模拟分别从急倾斜综采工作面的合理布置方式、设备成组布置及合理搭接方式对设备稳定控制技术进行研究，分析急倾斜综采工作面飞矸安全防护方法，以提高设备、围岩稳定为目的，促进急倾斜煤层的安全高效开采。

6.1　工作面合理布置方式及参数研究

6.1.1　工作面布置方式研究

研究表明[153-155]，工作面液压支架与煤层顶底板的摩擦系数一般为0.2～0.8，其下滑临界角一般为12°～39°，同时煤层倾角越大支架在倾斜方向受到的倾倒力矩越大，因此，对于急倾斜工作面（煤层倾角大于45°），支架存在下滑倾倒、刮板输送机和采煤机存在下滑危险。

急倾斜工作面沿煤层真倾角方向布置时，在工作面推刮板输送机和移架（尤其是刮板输送机）过程中会产生下窜，给工作面回采带来困难，为此急倾斜长壁工作面一般呈仰伪斜布置[156,157]，即工作面下巷（运输巷）超前上巷（回风巷）一定距离。仰伪斜布置时工作面沿煤层伪倾角布置，一方面可以减小工作面倾斜角度，另一方面可以充分利用空间几何尺寸关系，使工作面移架推刮板输送机过程产生的上窜量和因煤层倾角存在推移产生的下窜量相互抵消，可增加工作面支架围岩系统的稳定性，解决急倾斜工作面移架推刮板输送机难题。

对于一个具体的仰伪斜布置的急倾斜综采工作面而言，煤层倾角和工作面垂高是确定的，只要确定工作面的仰伪斜角度或者下巷超前上巷的距离，就能确定急倾斜工作面的长度和工作面所需支架数量。仰伪斜布置工作面如图 6-1 所示。

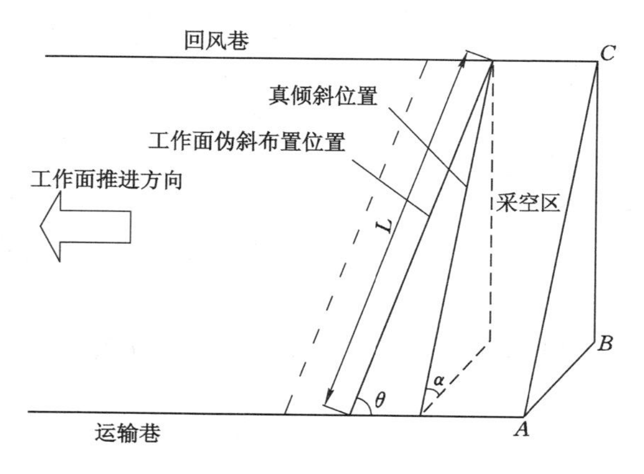

图 6-1　急倾斜工作面仰伪斜布置示意图

6.1.2　工作面仰伪斜布置参数

上述分析表明，急倾斜工作面仰伪斜布置的关键参数是仰伪斜角度，仰伪斜角度的确定准则是使工作面因仰伪斜布置推移设备产生的上窜量(ΔS)与设备在自重作用下沿倾斜方向产生的下窜滑移量($\Delta S'$)相等。首先分析刮板输送机因工作面仰伪斜布置推移过程产生的上窜位移量,如图 6-2 所示。图中,仰伪斜布置工作面长度为 L;真倾斜工作面长度为 L_z;煤层倾角为 α;工作面伪斜角度为 δ;l_b为刮板输送机推移步距(采煤机截深),一般综采工作面为 0.8 m;h_b为刮板输送机推移过程设定行程;L_s为运输巷超前回风巷的距离。根据图中的几何关系可以确定推刮板输送机过程中产生的上窜位移量为:

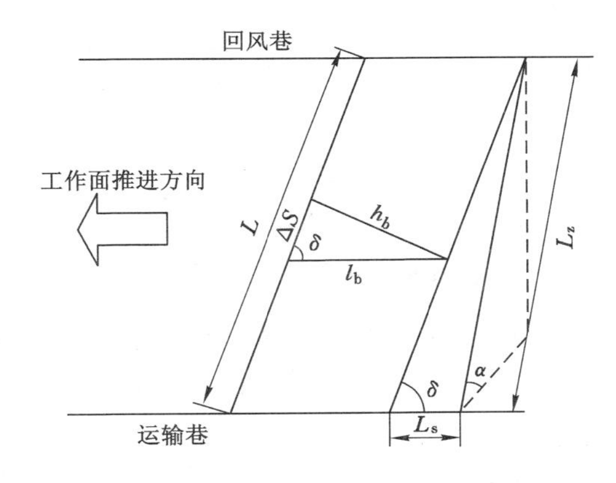

图 6-2　急倾斜工作面设备推移上窜位移分析

$$\Delta S = l_b \cos \delta \tag{6-1}$$

以刮板输送机的一节刮板为研究对象,其受力如图 6-3 所示。图中,G_1为刮板输送机的自重;f_g为刮板输送机受到底板的摩擦力;F_g为液压支架对刮板输送机的推力。刮板输送机沿煤层倾斜方向的合力为:

$$F_{合} = G_1 \sin \alpha - G_1 \cos \alpha \mu_g - F_g \cos \delta \tag{6-2}$$

式中,$F_{合}$为煤层倾斜方向的合力;μ_g为刮板输送机与底板岩层间的摩擦系数。因此,移刮板输送机过程中刮板沿煤层倾斜方向的运动加速度为:

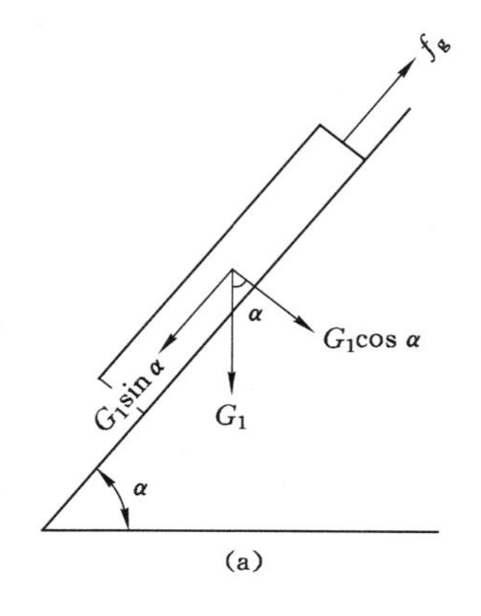

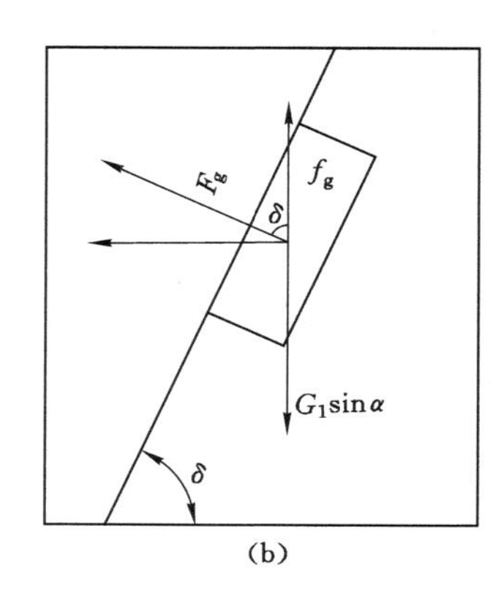

图 6-3　刮板受力分析

(a) 沿倾向;(b) 沿走向

$$a_g = g\sin α - g\cos α\mu_g - \frac{F_g\cos δ}{m} \tag{6-3}$$

式中,g 为重力加速度;a_g 为移刮板输送机过程中沿倾斜方向的加速度;m 为单个刮板的质量。因此,可以得到刮板输送机沿煤层倾斜方向的下窜位移为:

$$S_x = \frac{1}{2}(g\sin α - g\mu_g\cos α - \frac{F_g\cos δ}{m})t^2 \tag{6-4}$$

式中,t 为单个刮板的推移时间。根据倾斜方向位移与伪斜方向位移的几何关系,可以得到:

$$\Delta S' = \frac{1}{2\cos δ}(g\sin α - g\mu_g\cos α - \frac{F_g\cos δ}{m})t^2 \tag{6-5}$$

结合式(6-1)和式(6-5)可以解得:

$$\cos δ = \frac{-F_g + \sqrt{F_g^2 + \frac{8m^2 l_b g}{t^2}(\sin α - \mu_g\cos α)}}{4l_b}t^2 \tag{6-6}$$

根据图 6-2 中的边长与倾角之间的几何关系,可以得到急倾斜工作面运输巷超前回风巷的距离为:

$$L_s=\frac{-F_g+\sqrt{F_g^2+\frac{8m^2l_bg}{t^2}(\sin\alpha-\mu_g\cos\alpha)}}{4l_b}Lt^2 \tag{6-7}$$

通过式(6-7)可以看出，运输巷超前回风巷的距离与移架时间的平方呈正比关系，倾角越大超前距离越大。新铁矿煤层倾角为60°，单个刮板槽的质量为90 kg，刮板输送机的推移步距取0.8 m，单个刮板的平均推移时间取10 s，刮板与底板的摩擦系数取0.45，结合式(6-7)可以得出运输巷超前回风巷的距离与工作面长度、摩擦系数之间呈如图6-4所示的变化关系。

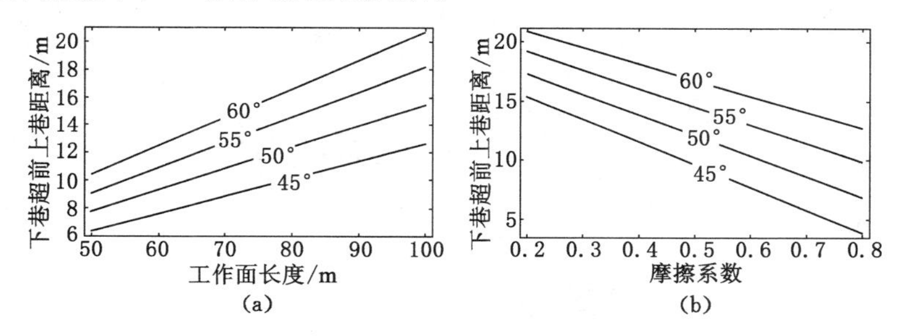

图6-4　下巷超前上巷距离与工作面参数的变化关系

由图6-4可以看出，下巷超前上巷的距离随着煤层倾角的增加而增大，随工作面长度的增加而增加，随刮板与底板的摩擦系数的增加而减小。对于新铁矿急倾斜煤层开采条件，下巷超前上巷的距离为17 m左右，仰伪斜角为12°，工作面仰伪斜布置如图6-5所示。

6.2　工作面综采设备稳定控制研究

急倾斜工作面综采设备稳定控制除了从工作面布置方式着手之外，还需从设备自身条件出发，通过不同部位、不同间隔距离、不同装备间的捆绑、支撑、斜拉等协调支配方式提高其自身的稳定性，不同煤层倾角、工作面开采参数、装备的合理捆绑参数需结合具体工作面

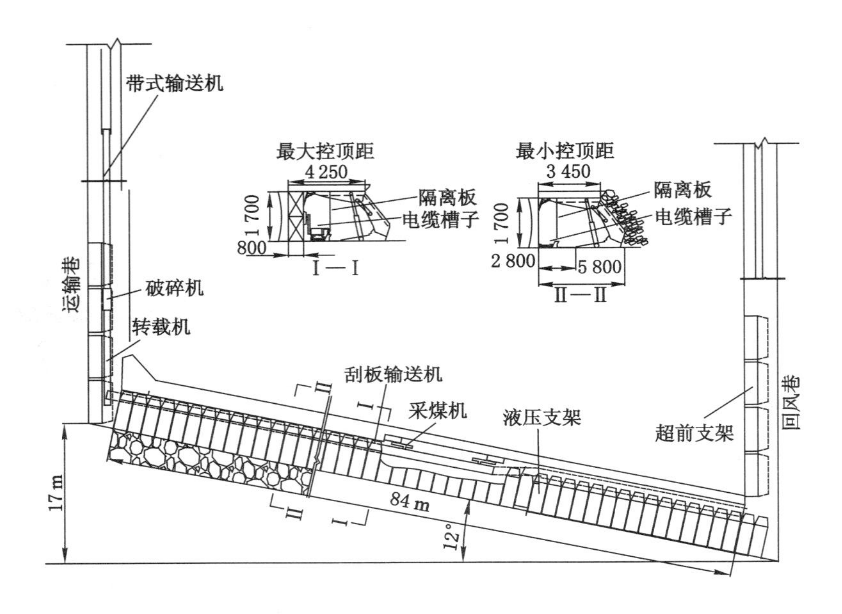

图 6-5　急倾斜工作面布置方式

的设备受力特征确定。

6.2.1　液压支架稳定控制

急倾斜煤层综采工作面支架的失稳方式主要有下滑、倾倒两种失稳类型。由工作面开采要求可知，支架应能够支撑住上覆载荷层内的岩层重力，同时还需要能够适应顶底板的变形，为了分析问题的需要，可以认为上覆岩层沿垂直层面的分力和支架对顶板的支撑力是一对作用力与反作用力，上覆岩层对支架的作用力以及底板对支架的支承力都是均匀分布，支架倾倒时底板对支架作用力的作用点为 O 点，如图 6-6 所示。图中，G_z 为支架自身重力；P_g 为支架工作阻力的反作用力；f_3 为顶板对支架的摩擦力；f_4 为底板对支架的摩擦力；T_s 为上部支架对支架的作用力；T_x 为下部支架对支架的作用力；F_g 为底板对支架的支承力；h_z 为支架高度；C 为支架重心距底板的距

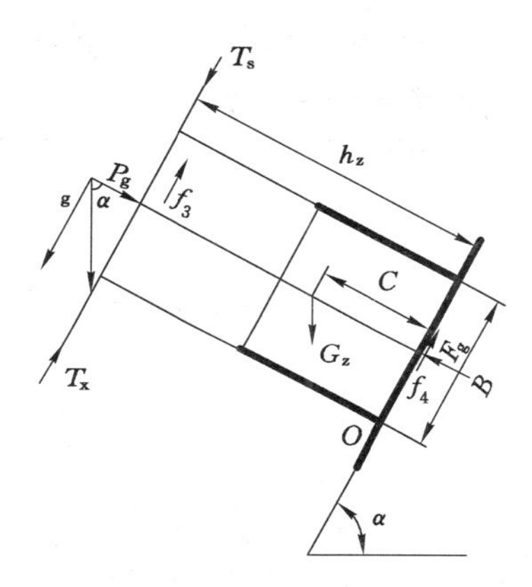

图 6-6　支架受力示意图

离；B 为支架的宽度。

(1) 支架防滑稳定性分析

根据图 6-6 所示支架受力图可知，当工作面支架沿煤层倾斜方向下滑时，顶底板对支架的摩擦力方向向上，为保证工作面支架不发生下滑的条件是沿倾斜方向的下滑力小于抗滑力，即有：

$$T_x + P_g\mu_1 + (G_z + P_g)\cos\alpha\mu_2 \geqslant T_s + P_g\tan\alpha + G_z\sin\alpha \tag{6-8}$$

式中，μ_1，μ_2 分别为顶、底板与支架间的摩擦系数。实际急倾斜工作面支架都是成组布置，即 T_s，T_x 为成组布置支架内部作用力，对整个支架组受力分析不需考虑。假设支架下滑的稳定性系数为 α_h，则有：

$$\alpha_h = \frac{P_g\mu_1 + (G_z + P_g)\cos\alpha\mu_2}{P_g\tan\alpha + G_z\sin\alpha} \tag{6-9}$$

当稳定性系数大于 1 时，支架组不存在下滑危险，当稳定性系数小于 1 时，工作面需做相应的防滑稳定控制措施。新铁矿急倾斜工作面煤层倾角 60°，选用 ZQY3600/12/26 型液压支架，质量为 12.3 t，支架工作阻力 3 600 kN，实测支架与工作面顶板、底板的摩擦系数分别为 0.3 和 0.45，将上述参数带入式(6-9)可得煤层倾角与防滑稳定性系数之间的关系如图 6-7 所示。

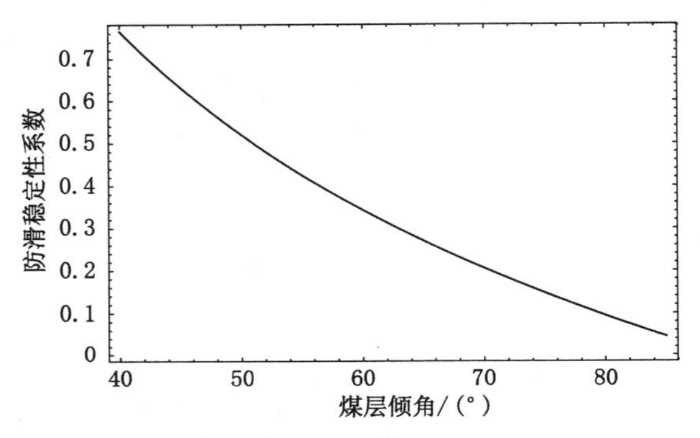

图 6-7　支架防滑稳定性系数与煤层倾角变化关系曲线

从图 6-7 可以看出，当煤层倾角大于 45°时，支架的防滑稳定性系数均小于 1，即支架会发生下滑，且随着倾角的增加支架发生下滑的可能性越大。新铁矿急倾斜工作面煤层倾角为 60°，可以得出支架防滑稳定性系数为 0.34，工作面需制定安全可靠的防滑措施。

(2) 支架防倒稳定性分析

在上覆岩层的旋转变形、支架自重作用下，当支架的倾倒力矩大于抗倒力矩时，支架会发生倾倒。根据图 6-6 所示受力关系，支架刚发生倾倒时以图中 O 点为支点旋转，此时力矩的极限平衡关系为：

$$n_z P_g \mu_1 h_z + (n_z P_g + n_z G_z \cos\alpha)\frac{n_z B}{2} \geqslant n_z P_g \tan\alpha h_z + n_z G_z \sin\alpha C \tag{6-10}$$

式(6-10)变形后可以得到：

$$n_z \geqslant \frac{2P_g \tan\alpha h_z + 2G_z \sin\alpha C - 2P_g \mu_1 h_z}{(P_g + G_z \cos\alpha)B} \tag{6-11}$$

式中，n_z 为急倾斜工作面支架成组布置时每组内支架的数量。假设支架防倒稳定性系数为 α_q，则有：

$$\alpha_q = \frac{2P_g\mu_1 h_z + (P_g + G_z\cos\alpha)n_z B}{2P_g\tan\alpha h_z + 2G_z\sin\alpha C} \tag{6-12}$$

当防倒稳定性系数大于1时，支架组不存在倾倒危险；当防倒稳定性系数小于1时，工作面需制定相应的防倒稳定控制措施。由式(6-12)可以看出，支架宽度越大、重心位置越低、支撑高度越低，支架防倒稳定性系数越大，因此，在工作面开采参数一定时，成组布置有利于支架的防倒。新铁矿所选用的ZQY3600/12/26型液压支架宽度为1.5 m，支架重心距底板的距离为0.5 m，带入式(6-12)可以得到如图6-8和图6-9所示的变化规律。

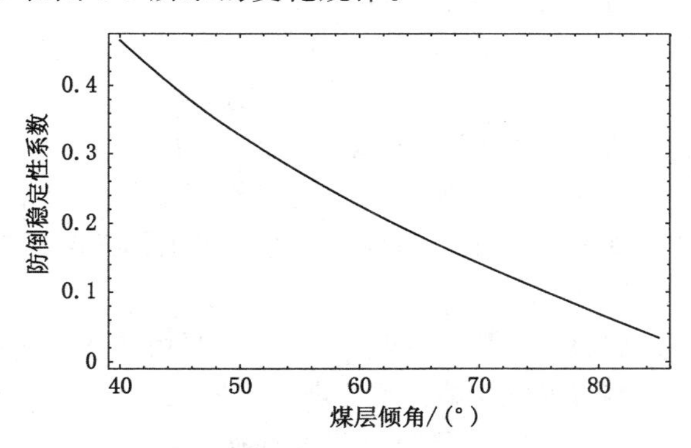

图6-8　支架防倒稳定性系数与煤层倾角变化曲线

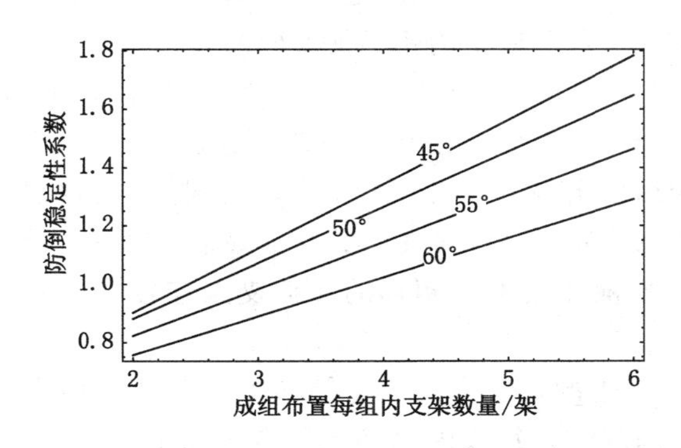

图6-9　支架防倒稳定性与组内支架数量的变化曲线

图 6-8 和图 6-9 分别为支架防倒稳定性系数与煤层倾角及支架成组布置每组内支架数量间的变化关系曲线，可以看出，当煤层倾角大于 45°时，支架的防倒稳定性系数均小于 0.5，防倒倾向性较大，且随着倾角的增加支架发生倾倒的可能性越大，煤层倾角越大支架防倒稳定系数越小，支架成组布置有利于支架的整体防倒，随着支架成组布置每组内支架数量的增加防倒稳定性增加。新铁矿急倾斜工作面煤层倾角为 60°，工作面成组布置时每组内支架数量至少为 3～4 架。

(3) 支架防滑防倒稳定控制

根据以上对支架失稳机理分析可知，急倾斜综采工作面支架失稳的原因是煤层倾角大于支架的防滑防倒失稳临界角。为保证工作面支架的稳定性，通过防滑、防倒千斤顶和防滑链将支架连接在一起，此外，工作面下端头支架的稳定是工作面整体支架稳定的基础。结合新铁矿急倾斜综采工作面现场实际制定工作面液压支架的防滑防倒稳定控制技术如下：

① 支架成组布置，如图 6-10(a)所示。每组包含 4 架支架(具体数量根据煤层倾角而定，煤层倾角进一步增大可取 5～6 架，煤层倾角减小时可取 2～3 架)。急倾斜工作面液压支架的顶梁处都设计有防倒千斤顶连接座，支架的底座过桥上都设计有防滑千斤顶连接座，通过防滑防倒千斤顶使组内相邻支架两两连接在一起[见图6-10(b)和图 6-10(c)]，成为一个支架组。此外，在组内支架的后侧上部通过拉紧千斤顶、导链筒、导链板和圆环链捆绑在一起，这样即使在移架过程中支架组中出现倒架、摆角、方向不正时，可通过拉紧千斤顶保证组内支架的稳定。为保证工作面整体支架的稳定，沿工作面倾斜方向每隔 8 架液压支架将相邻的 4 架支架连接在一起组成一个支架组。

② 自下而上的移架方式。急倾斜工作面应采用自下而上的移架方式，分段移架时，每段内也必须是自下而上移架，并以有防倒防滑千斤顶连接的支架为基础，相邻两架支架不能同时降柱。液压支

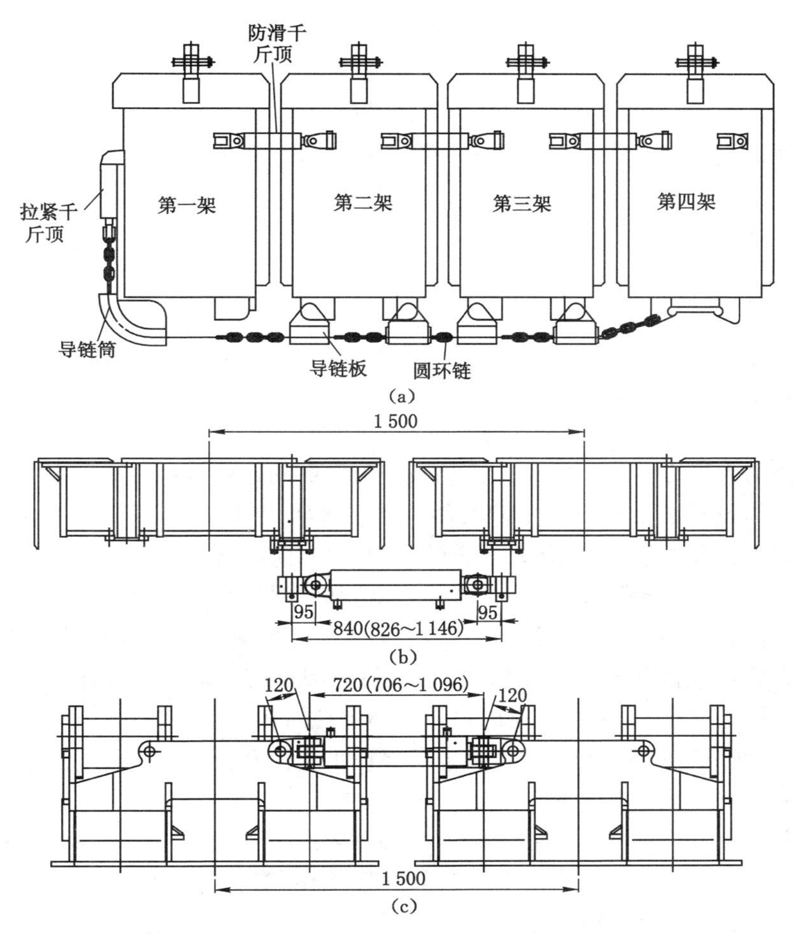

图 6-10　支架防滑防倒装置及搭接示意图

(a) 支架防滑防倒示意图;(b) 顶梁防倒装置;(c) 底座防滑装置

架下滑严重时,采取间隔移架,并使支架保持适当迎山角度,移架过程中以相邻支架的侧护板为导向结构。

③ 合理的排头支架移架方式。排头支架即工作面下端头的第

一个支架组内的 4 架支架，如图 6-10(a)所示，排头支架稳定是保证工作面整体支架稳定的基础，排头支架组内由于第一架支架下方没有支架能够提供导向侧护板，如按照自下而上的顺序移架，第一架支架的移动过程中上侧支架并不能够提供较好的拉力，因此，排头支架的移架顺序为 2→1→3→4，先移第二架支架后按照自下而上的顺序移架。

6.2.2 刮板输送机稳定控制技术

在工作面液压支架稳定控制的基础上，结合刮板输送机的自身特征，制定急倾斜工作面刮板输送机的稳定控制技术如下：

① 根据刮板输送机的受力特征(长宽比大)，可知刮板输送机主要的失稳方式是下滑失稳。急倾斜工作面刮板输送机的稳定主要是依靠设置在液压支架上防滑斜拉装置来实现，防滑斜拉装置主要由防滑链和防滑千斤顶组成[见图 6-11(a)]，防滑链的一端连接在液压支架的斜拉千斤顶上，另一端连在刮板输送机的连接装置上，沿工作面倾斜方向每隔 7 架液压支架安设一组刮板输送机防滑链。此外，为确保移刮板输送机过程中稳定，每组刮板槽下端还需设计一单体支柱的支撑点，出现下滑时可用单体支柱对刮板进行调正。

② 刮板输送机机尾的稳定是保证工作面刮板移动过程中稳定的关键。急倾斜工作面机尾的防滑措施是通过机尾的防滑千斤顶、锚链与上巷上帮底板处的地锚连接(地锚一般选用 2 m 长锚杆)，移机尾和刮板时，同时操纵机尾防滑千斤顶拉紧机尾，防止机尾下滑。此外，为提高移刮板过程中安全系数，机尾通过采取上述稳定措施后，再用单体支柱沿垂直方向[见图 6-11(b)]和倾斜方向[见图 6-11(c)]打设单体戗柱，其中，倾斜方向单体支柱的水平行程[见图 6-11(c)中的 S]不宜过大，一般为 1 m 左右为最佳。

③ 刮板输送机的移动顺序是先移机头，然后顺序向上移刮板，最后移动机尾，移刮板时同时操作该组(每个防滑链控制的范围为一组)防滑装置。此外，为了保证工作面已移好刮板的稳定，从机头(自

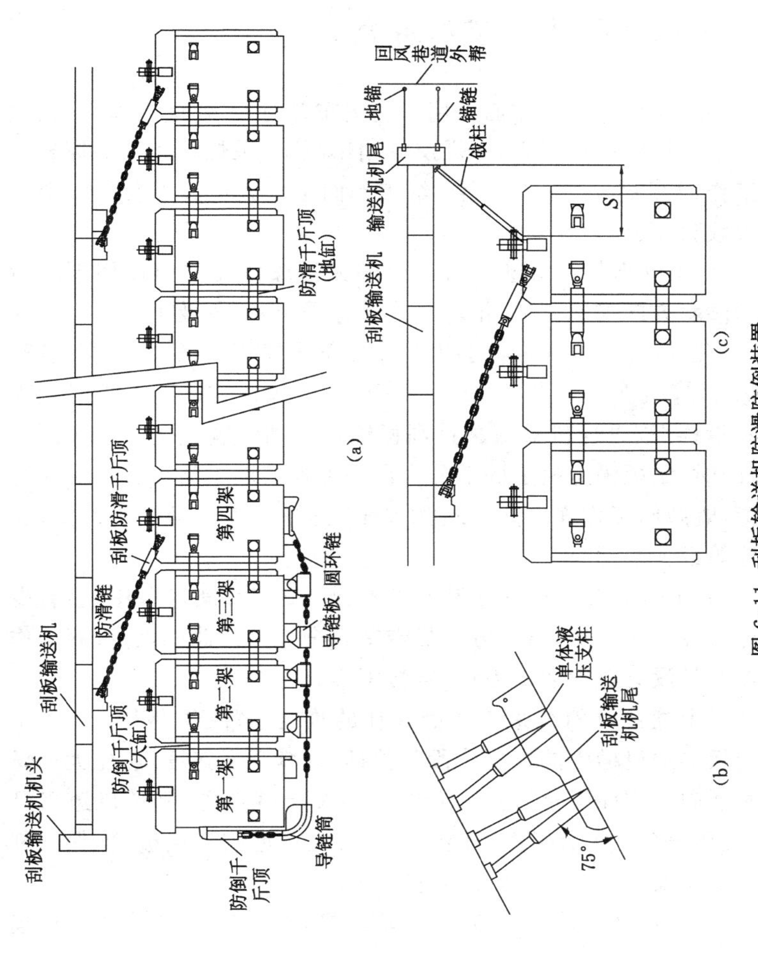

图 6-11　刮板输送机防滑防倒装置

(a) 刮板防滑防倒；(b) 刮板输送机机尾打顶板戗柱；(c) 刮板输送机机尾防滑示意图

下而上)开始每隔8～9架(具体视工作面实际情况,尽量打设在有防滑防倒装备的支架上)打一单体支柱做暂时的刮板戗柱。

6.3 工作面防飞矸技术研究

急倾斜煤层综采工作面采用仰伪斜布置时,工作面操作人员、生产设备位于煤壁的正下方,在煤层倾角影响下,采煤机割下的煤岩体会沿工作面倾斜方向加速下滑,给工作面工作人员和设备的安全带来极大威胁,具体表现为:

① 采煤机割落及煤壁片帮产生的大量煤体在重力作用下会沿工作面倾斜方向加速下滑,推垮工作面综采装备、危及工作面操作人员安全,此外,大量的煤岩体会把工作面下出口堵死,影响正常生产。

② 采煤机下行割煤时,滚筒割下的部分煤体或矸石在下降过程中容易沿摇臂、采煤机盖板越过刮板输送机挡矸装置飞向工作面人行道,同时,刮板输送机上的部分煤矸块加速滚动下滑后也会向人行道飞蹿,既威胁工作面作业人员的安全,也极易损坏操纵阀管路、支架立柱等设备部件。

③ 工作面采煤机割煤过程中或者液压支架移架过程中,会有少量的煤矸飞入人行道,给下方人员带来安全隐患。此外,急倾斜工作面工作人员没有有力的着力点、攀爬困难。

针对上述急倾斜综采工作面存在的难题,解决思路是:① 将工作面刮板输送机槽内的煤矸分段阻挡,降低其下滑速度,避免大量煤矸同时涌向工作面下出口;② 将机道和人行道隔离,避免机道飞矸伤人、损坏设备;③ 沿工作面倾斜方向设人行道安全挡板,确保下部人员及设备安全,且为攀爬提供有力的着力点。

为此,设计并制造了机道(刮板输送机)挡矸装置、机道人行道隔离装置、人行道挡矸装置。

6.3.1 机道挡矸技术

急倾斜煤层综采工作面机道挡矸装置如图 6-12 所示，该挡矸装置的作用是：

① 沿工作面倾斜方向将煤岩体分段间隔阻挡。

② 降低煤岩体在刮板输送机上滑行速度。

③ 阻挡机道飞矸，防止飞矸砸坏工作面设备、砸伤工作人员。

为了使机道挡矸装置具有上述三个作用，机道挡矸装置应具有以下功能：

① 打开和关闭易于操作。工作面采煤机是骑跨在刮板输送机上进行割煤，因此，采煤机经过时应能够提前关闭挡矸装置，以便于采煤机通过，采煤机通过后应及时将挡矸板打开到挡矸状态，挡矸装置的打开或关闭通过支架上机道挡矸千斤顶来控制，如图 6-12 所示。

② 抗冲击能力强、阻挡效果好、有利于通风。刚性防护网的阻挡效果好、有利于通风且操作人员能取得较好的视线，但遇大块煤矸冲击时易造成防护网变形损坏；柔性防护网能有效地缓解煤矸块体的冲击力，但网孔比较细密影响工作面通风。因此，用刚性和柔性防护网交替布置，沿工作面倾斜方向每隔 7 架支架安装一套机道挡矸装置在液压支架顶梁上。

6.3.2 机道人行道间隔离技术

急倾斜煤层综采工作面机道人行道间隔离装置如图 6-12 所示，由挡矸板、挡矸插板、挡矸板千斤顶和挡矸插板千斤顶组成，该装置的作用是隔离工作面机道和人行道，防止机道煤矸块进入人行道。

为使机道人行道隔离装置实现上述作用，该装置应具备以下功能：

① 打开和关闭易于操作。沿工作面倾斜方向每架支架上都装有机道人行道隔离装置且都处于常开状态，工作面采煤机割煤时为取得较好视线提前将机道人行道隔离装置收起，采煤机后滚筒割过

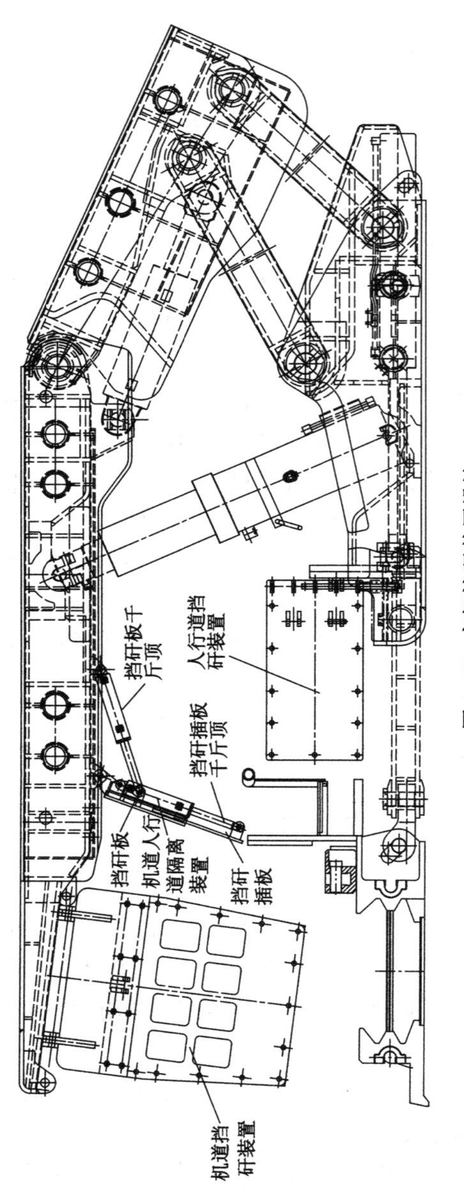

图 6-12 支架挡矸装置设计

后，立即关闭隔离装置。

② 适应工作面煤层采高变化能力强。为了使机道人行道隔离装置能够在不同采高下工作，在挡矸板内部设有伸缩式挡矸插板，挡杆插板通过挡矸插板千斤顶操作。

③ 下端与综采装备间柔性搭接。挡矸装置下端通过橡胶皮与刮板输送机的挡煤板搭接，防止挡矸板和机道内煤矸损坏电缆槽、挤坏电缆夹、损毁降尘水管等。

6.3.3　人行道挡矸技术

急倾斜煤层综采工作面人行道挡矸装置如图 6-12 所示，由挡矸板、销轴、挡矸板千斤顶组成，该装置的作用主要有：

① 阻挡工作面人行道飞矸，保护下方人员、设备安全。

② 为急倾斜工作面工作人员提供工作平台。

③ 工作面人员行走时提供可靠的着力点，使攀爬容易。

工作面人行道内每架液压支架都设一个人行道挡矸装置，且人行道挡矸板应处于常开状态。

6.4　本章小结

（1）为有利于设备稳定，急倾斜综采工作面应采用仰伪斜布置方式、支架应成组布置，建立了工作面仰伪斜布置和支架稳定受力模型，分析得出了工作面仰伪斜布置参数的确定方法和支架成组布置数量与煤层倾角的关系。

（2）构建了以固定下端头支架组、锚固刮板输送机机尾、分组间隔移架等技术措施为主，支架与刮板输送机铰接连接，以支架为着力点、刮板输送机为连接件、机体相互依托的工作面“三机”动态稳定控制的技术体系，确保了急倾斜综采工作面设备稳定与人员安全。

（3）研究了急倾斜煤层工作面机道、人行道挡矸方法，机道、人行道隔离方法，确定机道挡矸装置以刚柔金属网沿工作面每隔 7 架支架交替布置，人行道挡矸装置同时可兼做工作面操作人员工作、攀爬平台，机道、人行道隔离装置为适应煤层采高变化设有二级挡矸插板。

7 结论与展望

7.1 研究结论

本书针对薄及中厚急倾斜煤层长壁综采工作面角度大、设备稳定性差、工作人员安全保障系数低问题，综合采用现场调研、理论分析、相似模拟、数值模拟、现场实测等研究方法，对急倾斜煤层开采相似模拟实验系统研制、覆岩运动结构特征、区段煤柱合理留设方法及其失稳致灾机理、工作面设备稳定控制及安全保障技术进行了系统研究，研究成果可为类似条件下薄及中厚急倾斜煤层开采提供理论参考，得出的主要研究结论如下：

(1) 研制了以模型架、旋转系统、承载系统、控制系统和加载系统为主体结构的可旋转急倾斜相似模拟实验系统及可移动水压伺服加载系统，配合逻辑控制技术对模型旋转参数进行自动调节控制，可减小急倾斜煤层相似实验铺设难度，提高实验数据的可靠性，得出不同旋转倾角下不同层位煤岩层铺设所需相似材料质量的计算方法，开发了相似模拟质量配比计算软件，可实现模型架安全旋转及精确跟踪给定压力、均布加载。

(2) 理论分析、数值模拟和相似模拟共同得出急倾斜工作面覆岩受力破断、采空区矸石充填都具有非对称性特征，得到采空区垮落矸石充填带宽度的计算方法，结合充填矸石的压实特征沿采空区倾斜方向的矸石充填带可分为压实程度较高区、中等压实区、压实程度较低区，利用弹塑性薄板理论和梁—柱理论建立了急倾斜工作面顶板和底板受力模型，确定了急倾斜工作面顶板呈“U”字形破断、底板破坏深度与煤层倾角之间呈非线性正比关系。

(3) 提出了急倾斜工作面直接顶“耳朵”形承载壳体结构与基本顶破断的倾斜“砌体梁”承载结构，建立了两种承载结构力学模型，确定了直接顶承载壳体的壳顶主要以拉剪破坏为主、壳肩主要以压剪破坏为主，基本顶“砌体梁”结构主要存在滑落失稳和变形失稳两种方式，倾角越大基本顶结构抗滑能力越强、抗变形能力越弱，得出了顶板结构不同失稳方式的理论判据，研究了急倾斜综采工作面支架承载规律，得到了支架工作阻力理论计算方法并结合实测数据验证了此计算方法比传统支架阻力计算方法更具优越性。

(4) 揭示了急倾斜综采工作面矿压显现规律：工作面顶板的来压强度、来压动载系数呈现出工作面上部大于中部、中部大于下部的特征，非来压期间支架受力普遍较小，来压期间支架动载较大；回风巷受采动影响大，超前影响范围大，顶板围岩变形大于上帮、上帮大于下帮，运输巷受采动影响小，超前影响范围小，上帮围岩变形大于顶板、顶板大于下帮。

(5) 建立了急倾斜工作面区段煤柱受力模型，揭示了急倾斜工作面区段煤柱的局部片落—整体滑落失稳方式，即煤柱下端的塑性破坏区先沿倾斜方向向下片落，片落后塑性区会继续向煤柱深部发展，直至煤柱尺寸不足以支撑上覆岩层时发生整体滑落。结合煤柱受力破坏特征，得出区段煤柱的留设尺寸受倾角影响较大，确定了区段煤柱合理留设尺寸的计算方法。

(6) 分析了急倾斜工作面煤壁、顶板、巷道与区段煤柱之间的联动失稳机制。结果表明，区段煤柱失稳后，工作面上部煤壁应力突然增加、煤壁片帮加剧；巷道变形破坏严重，主要破坏区位于工作面巷道的顶板和上帮；工作面上部顶板由三点支撑状态变为两点支撑状态，悬顶距离增加，顶板岩块的最大破坏应力呈数倍增加，引起工作面上部顶板在大范围内破断失稳，给工作面造成灾害。

(7) 构建了以固定下端头支架组、锚固刮板输送机机尾、分组间隔移架等技术措施为主，支架与刮板输送机铰接连接，以支架为着力点、刮板输送机为连接件、机体相互依托的工作面“三机”动态稳定控制技术体系，确定了急倾斜工作面仰伪斜布置参数，制定了急倾斜工作面煤壁片帮、巷道围岩控制方法，研究了工作面机道挡矸、机道、人行道隔离、人行道挡矸技术，确保了急倾斜综采工作面设备稳定与人员安全。

7.2 展　望

随着地质赋存条件简单的煤炭资源逐渐枯竭，急倾斜煤层的安全高效开采引起人们的高度重视，本研究的意义重大，具有广阔的应用前景，在后续研究中，将重点对以下问题进行研究：

(1) 研究新的采煤方法、合理的工作面布置方式。根据急倾斜工作面顶板矿山压力显现特点和煤层倾角大等特点，研究有利于割煤、设备稳定性高、围岩稳定性好的工作面布置方式及配套装备。

(2) 研究自动化智能化急倾斜工作面采煤装备。研究急倾斜工作面双向割煤采煤机，稳定能力强的液压支架，设备下滑或倾倒时自动识别预警及自动调整系统，采煤装备的远程监控系统及操作系统，采煤机割煤时煤岩自动识别系统，实现薄及中厚急倾斜煤层工作面无人化开采。

参考文献

[1] 段红民,胡喜明,巫仕振.薄及中厚急倾斜煤层采煤方法优化研究[J].煤炭科学技术,2008,36(2):16-22.

[2] 许红杰.3.5～10 m急倾斜煤层巷柱式放顶煤开采技术研究[D].北京:煤炭科学研究总院,2005.

[3] 李俊斌.急(倾)斜煤层柔性掩护支架采煤法[M].徐州:中国矿业大学出版社,2011.

[4] 张秀才,杨米加.白集矿大倾角厚煤层走向长壁分层开采技术研究[J].东北煤炭技术,1998(4):11-13.

[5] 朱海苍.孔隙水压作用下急倾斜煤层围岩运动规律研究[D].西安:西安科技大学,2008.

[6] 周邦远,刘富安,张亮.广能集团急倾斜煤层综采支架研制与使用[J].煤矿开采,2009,1(14):69-71.

[7] 宋良泉,毛玉森.急倾斜煤层采煤方法的分析[J].中国新技术新产品,2010(20):143.

[8] 刘勇,郑伟.急倾斜煤层采煤方法优化探讨[J].煤炭工程,2009(10):12-13.

[9] 郑万成,杨波,李一波.急倾斜远距离下保护层开采过程数值模拟及现场应用[J].煤炭工程,2011(2):82-84.

[10] 陈虎.王家山矿急倾斜煤层长壁综放工作面底板下滑的机理分析及控制措施[J].煤矿安全,2011,4(42):48-50.

[11] 胡开江,郭秉超,漆涛,等.急倾斜煤层顶煤超前预爆破工艺分析[J].西安科技大学学报,2010,5(30):543-547.

[12] 中国煤炭工业协会.2008年度工作报告[R].2008.

[13] 伍永平,贠东风,张淼丰.大倾角煤层综采基本问题研究[J].煤炭学报,2000,25(5):465-468.

[14] 屠洪盛,屠世浩,白庆升,等.急倾斜工作面区段煤柱失稳机理及合理留设尺寸研究[J].中国矿业大学学报,2013,42(1):6-11.

[15] Hollin B H, Yu V, Makeev A, et al. Technology of coal extraction from steep seam in the ostrava-karvina basin [J]. Ugol Ukrainy,1993(3):45-48.

[16] Aksenov V V, Lukashev G E. Design of universal equipment set for working steep seams[J]. Ugol,1993(4):5-9.

[17] Kulaov V N. Geomechanical conditions of mining steep coal beds [J]. Jounal of Mining Science, 1995 (7): 136-143.

[18] Proyavkin E T. New nontraditional technology of working thin and steep coal seams[J]. Ugol Ukrainy,1993(3):2-4.

[19] 北京矿业学院编译室.库兹巴斯急倾斜厚煤层充填开采法[M].北京:煤炭工业出版社,1956.

[20] 周颖.大倾角煤层长壁综采工作面安全评价研究[D].西安:西安科技大学,2010.

[21] 解盘石.大倾角煤层长壁开采覆岩结构及其稳定性研究[D].西安:西安科技大学,2011.

[22] 伍永平.大倾角煤层机械化开采的关键技术与对策[J].矿山压力与顶板管理,1993(1):60-63.

[23] Sehgal V K,Kumar A. Thick and steep seam mining in northeastern coal fields[C]. International symposium on thick seam mining: problem and issues(ISTS'92), 1992: 457-469.

[24] Mathur R B,Jain D K,Prasad B. Extraction of thick and steep

coal seams a global overview[J]. 4th Asian Mining, Exploration, Exploitation, Environment, 1993(24): 475-478.

[25] Mrig G C, Sinha A N. Proposing a new method for thick, steep and gassy XV seam of sudamdih[C]. International symposium on thick seam mining: problem and issues (ISTS'92), 1992: 445-456.

[26] Ongallo Acedo J M, Femandez Villa. Experience with integrated exploition systems in narrow, very steep seams in Hunosa[C]. 8th international congress on mining and metallurgy, 1998: 16-22.

[27] 谢东海,冯涛,赵伏军. 我国急倾斜煤层开采的现状及发展趋势[J]. 科技信息,2007(14):211-213.

[28] 吴绍倩,石平五. 急倾斜煤层矿压显现规律的研究[J]. 矿山压力与顶板管理,1990(2):4-8.

[29] 李前,魏东,杨世杰. 急倾斜特厚煤层综放开采实践[J]. 煤炭科学技术,2002,30(8):17-20.

[30] 梁宁,童义学,冯晓琴. 急倾斜特厚易燃煤层综放开采技术在华亭矿的应用[J]. 煤炭科学技术,2004,32(11):15-18.

[31] 王昌吉. 急倾斜中硬煤层采用综采工艺效果分析[J]. 煤,2010,19(11):48-49.

[32] 周明昌,郑应彬,贺旭东. 急倾斜综采上端头液压支架研制与应用[J]. 煤矿开采,2011,16(2):71-72.

[33] 郑应彬,王丽,王代明,等. 急倾斜综采液压支架的研制[J]. 煤矿机械,2010,31(9):125-127.

[34] 李慧平,蒲文龙,郭守泉. 浅谈大倾角煤层优化开采技术方向[J]. 煤矿开采,2005,10(1):20-22.

[35] 杨占秋. 深部大倾角特厚煤层综放开采技术研究[D]. 唐山:河北理工大学,2007.

[36] 刘亚雄. 58°急倾斜工作面支架、运输机、割煤机工艺的防

倒防滑工艺[J]. 煤,2007(98):52.
[37] 尚二考,张帅. 大倾角煤层走向长壁综采工作面搬家安装实践[J]. 河北煤炭,2006(6):21-22.
[38] 谢俊文,高小明,上官科峰. 急倾斜厚煤层走向长壁综放开采技术[J]. 煤炭学报,2005,30(5):545-549.
[39] 贾维志,徐伟. 大倾角大采高综采工作面高产高效实践[J]. 安徽建筑工业学院学报,2010,18(3):34-37.
[40] 段红民,胡喜明,巫仕振. 薄及中厚急倾斜煤层采煤方法优化研究[J]. 煤炭科学技术,2008,36(2):16-22.
[41] 王海山,宫延明,迟晓岩,等. 大倾角双坡度综采工作面加长转采条件下复合回采技术实践[J]. 煤炭工程,2008(12):9-10.
[42] 刘四平,赵茂森,曹泽民,等. AHⅢ型机组在急倾斜薄煤层开采中的应用[J]. 煤矿开采,2008,5(13):27-30.
[43] 曾庆军. 急倾斜较薄厚煤层综放开采技术研究与应用[J]. 煤炭技术,2006,25(5):38-39.
[44] 张戈,陈健,郭志强. 急倾斜较薄特厚煤层巷柱—综采放顶煤开采技术[J]. 煤矿现代化,2009(4):95-97.
[45] 尚向东,陈健,苗道军. 急倾斜近距离厚煤层联合开采新工艺[J]. 煤炭技术,2004,23(7):61-63.
[46] 毛德兵,蓝航,徐刚. 我国薄煤层综合机械化开采技术现状及其新进展[J]. 煤矿开采,2011,3(16):11-14.
[47] 周邦远,张亮,刘富安. 广能集团急倾斜煤层综采技术[J]. 煤炭工程,2009(2):5-7.
[48] 周邦远,陈显坤,聂春辉,等. 华蓥山矿区急倾斜煤层综采技术试验[J]. 2008,36(7):10-12.
[49] 张小兵,王忠强,张伟,等. 急倾斜煤层可采工艺性评价及应用研究[J]. 中国矿业大学学报,2007,36(3):381-385.
[50] 刘峻峰,王国法. 急倾斜特厚煤层开采微型放顶煤支架适

应性分析[J]. 煤炭科学技术,2005,33(6):28-31.

[51] 谢俊文,李俊明,杨富,等. 急倾斜大倾角特厚易燃煤层综放开采及"三机"配套技术[J]. 煤矿机电,2003(5):24-26.

[52] 王继龙,刘鹏程,张英. 急倾斜工作面斜长变短的技术分析[J]. 煤炭工程,2010(6):45-46.

[53] 杨宽荣,景源. 急倾斜近距离薄煤层的开采[J]. 中国矿山工程,2006,35(4):13-15.

[54] 麻勇. 急倾斜煤层综采放顶煤高产高效应用实践[J]. 现代商贸工业,2010(2):304-305.

[55] 刘耀明,仇安东,谢飞鸿,等. 急倾斜坚硬煤层预弱化放顶煤技术[J]. 煤矿开采,2009,14(2):17-19.

[56] Kulakov V N. Stress state in the face region of a steep coal bed[J]. Journal of Mining Science(English Translation),1995(9):161-168.

[57] Bodi J. Safety and technological aspects of manless exploitation technology for steep coal seams[C]. 27th international conference of safety in mines research institutes, 1997:955-965.

[58] 大维江茨 弗 特. 顿巴斯急倾斜煤层的顶板管理法[M]. 北京:煤炭工业出版社,1952.

[59] 石平五. 急斜煤层老顶破断运动的复杂性[J]. 矿山压力与顶板管理,1999(1):3-4.

[60] 伍永平. 大倾角煤层开采"R-S-F"系统动力学控制基础研究[D]. 西安:西安科技大学,2003.

[61] 黄庆享. 急倾斜临界角煤层沿空留巷矿压显现规律与支护对策[J]. 矿山压力与顶板管理,2004(4):44-46.

[62] 尹光志,代高飞,皮文丽,等. 俯伪斜分段密集支柱采煤法缓和急倾斜煤层矿压显现不均匀现象的研究[J]. 岩石力学与工程学报,2003,22(9):1483-1488.

[63] 田靖安,韩书才.急-倾斜厚煤层坚硬顶板长壁综放采场矿压及控制[J].煤矿开采,2006,11(6):71-74.

[64] 曹树刚.急倾斜煤层采场围岩力学结构的探讨[J].重庆大学学报,1992,15(3):128-133.

[65] 代高飞,尹光志,胡大江.急倾斜煤层工作面顶板周期来压判断指标研究[J].矿山压力与顶板管理,2003(3):48-50.

[66] 代高飞,尹光志,戴小平,等.急倾斜煤层工作面矿压规律研究[J].矿业安全与环保,2000,27(6):19-20.

[67] 李峰,尚二考.急倾斜煤层走向长壁工作面矿压观测研究[J].河北煤炭,2007(2):6-7.

[68] 汪成兵,张盛,勾攀峰,等.急倾斜煤层开采上覆岩层运动规律模拟研究[J].焦作工学院学报,2003,22(3):165-167.

[69] 张伟,张瑞新,王云鹏,等.急倾斜水平分层综放开采矿压显现规律[J].中国安全生产科学技术,2011,7(4):5-9.

[70] 高召宁,石平五.急倾斜水平分段放顶煤开采岩移规律[J].西安科技学院学报,2001,21(4):316-318.

[71] 伍永平,解盘石,任世广.大倾角煤层开采围岩空间非对称结构特征分析[J].煤炭学报,2010,35(2):182-184.

[72] 伍永平,张永涛,解盘石,等.急倾斜煤层巷道围岩变形破坏特征及支护技术研究[J].煤炭工程,2012(1):92-95.

[73] 高明中.急倾斜煤层开采岩移基本规律的模型试验[J].岩石力学与工程学报,2004,23(3):441-445.

[74] 高明中,余忠林.厚冲积层急倾斜煤层群开采重复采动下的开采沉陷[J].煤炭学报,2007,32(4):347-352.

[75] 王明立,胡炳南,程效海,等.急倾斜煤层群开采覆岩破坏与煤柱稳定性数值模拟[J].煤矿开采,2005,10(4):64-66.

[76] 王明立.急倾斜煤层开采底板岩层破坏机理研究[J].煤矿

开采,2009,14(3):87-89.

[77] 王明立.急倾斜煤层开采岩层破坏机理及地表移动理论研究[D].北京:煤炭科学研究总院,2008.

[78] 张立杰,柴鑫,来兴平,等.急斜煤层EDZ围岩动态演化规律2D-BLOCK数值追踪模拟[J].西安科技大学学报,2008,28(4):613-618.

[79] 来兴平,伍永平,张坤,等.多场耦合下急斜煤层开采三维物理模拟[J].西安科技大学学报,2009,29(6):654-660.

[80] 来兴平,王宁波,胥海东,等.复杂环境下急倾斜特厚煤层安全开采[J].北京科技大学学报,2009,31(3):277-280.

[81] 张涛伟,吴学明,蒋东辉.急倾斜煤层采空区覆岩局部化变形的特征分析[J].煤炭工程,2011(5):61-64.

[82] 黄庆享,黄克军,刘素花.急倾斜煤层长壁开采顶板结构与来压规律模拟[J].陕西煤炭,2011(3):31-35.

[83] 李冬.急倾斜临界角煤层开采围岩破坏规律[J].煤炭工程,2010(1):54-55.

[84] 黄庆享,李冬,刘腾飞,等.急倾斜临界角煤层沿空留巷矿压规律与支护对策[J].矿山压力与顶板管理,2004(4):44-46.

[85] 石平五,邵小平.基本顶破断失稳在急斜煤层放顶煤开采中的作用[J].辽宁工程技术大学学报,2006,25(5):641-644.

[86] 鞠文君,李文洲.急倾斜特厚煤层水平分段开采老顶断裂力学模型[J].煤炭学报,2008,33(6):606-608.

[87] 鞠文君,李前,魏东,等.急倾斜特厚煤层水平分层开采矿压特征[J].煤炭学报,2006,31(5):558-561.

[88] 李浩荡,张戈,袁吉兵.急倾斜立槽煤掘进工作面冲击地压的分析[J].神华科技,2011,9(3):24-27.

[89] 尹光志,王登科,张卫中.(急)倾斜煤层深部开采覆岩变形

力学模型及应用[J].重庆大学学报,2006,29(2):79-82.

[90] 张嘉凡,石平五,张慧梅.急斜煤层初次破断后基本顶稳定性分析[J].煤炭学报,2009,34(9):1160-1164.

[91] 胡国忠,王宏图,范晓刚,等.急倾斜俯伪斜上保护层保护范围的三维数值模拟[J].岩石力学与工程学报,2009,28(S1):2845-2852.

[92] 张伟,相啸宇,张瑞新,等.急倾斜厚煤层短壁综采矿压显现规律研究[J].煤炭工程,2011(7):61-63.

[93] 范晓刚,王宏图,胡国忠,等.急倾斜煤层俯伪斜下保护层开采的卸压范围[J].中国矿业大学学报,2010,39(3):380-385.

[94] 赵海军,马凤山,丁德民,等.急倾斜矿体开采岩体移动规律与变形机理[J].中南大学学报,2009,40(5):1424-1429.

[95] 丁德民,马凤山,张亚民,等.急倾斜矿体分步充填开采对地表沉陷的影响[J].采矿与安全工程学报,2010,27(2):249-254.

[96] 张芳,贾晓波.急倾斜煤层底板巷道破坏因素探讨[J].矿山压力与顶板管理,2003(1):3-5.

[97] 张飞,范文胜,孙建岭,等.大倾角综放面区段保护煤柱的参数优化研究[J].中国煤炭,2010,36(3):45-47.

[98] 崔希民,左红飞,王金安.急倾斜煤层开采地表塌陷坑形成机理与安全矿柱尺寸研究[J].中国地质灾害与防治学报,2000,11(2):67-69.

[99] 董陇军,李夕兵,白云飞.急倾斜煤层顶煤可放性分类预测的 Fisher 判别分析模型及应用[J].煤炭学报,2009,34(1):58-63.

[100] 马亚杰,武强,洪益清,等.急倾斜煤层开采覆岩变形分析及其应用[J].煤炭学报,2009,34(3):320-324.

[101] 王金安,冯锦艳,蔡美峰.急倾斜煤层开采覆岩裂隙演化与渗流的分形研究[J].煤炭学报,2008,33(2):162-165.

[102] 郭春颖,李云龙,刘军柱.UDEC在急倾斜特厚煤层开采沉陷数值模拟中的应用[J].中国矿业,2010,19(4):71-74.

[103] 邵小平,张红祥,石平五.急斜煤层分段放顶煤开采合理段高选择研究[J].中国矿业大学学报,2009,38(4):544-548.

[104] 高晓旭,邵小平.急倾斜煤层大段高开采围岩变形数值模拟研究[J].矿业安全与环保,2009,36(5):21-24.

[105] 邵小平,石平五.急倾斜煤层大段高综放开采围岩变形监测研究[J].煤矿开采,2009,14(6):65-68.

[106] 段子晔,马世忠.大倾角大采高综采防倒防滑技术探讨[J].矿山压力与顶板管理,2002(4):62-64.

[107] 龚宇,阎海琴.大倾角工作面液压支架的稳定性分析及防倒防滑措施[J].煤矿机械,2006,27(10):86-88.

[108] 赵德珍,王步青.急-倾斜厚煤层长壁综放开采工作面巷道布置技术[J].煤矿安全,2007(8):40-43.

[109] 霍志朝,章之燕.大倾角综采工作面设备下滑控制技术实践[J].煤炭科学技术,2004,32(6):39-42.

[110] 张勇,刘涛,师贺庆.大倾角综放工作面支架失稳机理[J].煤炭工程,2003(10):25-28.

[111] 王社平.葛泉矿急倾斜煤层综采技术实践[J].煤炭科学技术,2006,34(6):36-40.

[112] 张文俊.急-倾斜厚煤层走向长壁综放开采支护系统稳定性分析及控制[J].甘肃科技,2011,27(12):61-63.

[113] 李海宁,曹春玲.急倾斜厚煤层长壁式综放开采技术[J].煤炭科学技术,2004,32(2):31-34.

[114] 彭勇,刘华林,唐建强,等.急倾斜中厚煤层综合机械化开

采技术实践[J]. 煤矿开采,2008,13(5):31-32.

[115] 查文华,谢广祥,罗勇. 急倾斜煤层锚网索巷道围岩活动规律研究[J]. 采矿与安全工程学报,2006,23(1):99-102.

[116] 何勇. 超前支护式液压支架在综采放顶煤工作面的试用[J]. 煤矿机械,2009,30(1):188-189.

[117] 刘昌平. 大倾角厚煤层长壁综放工作面端头支护技术实践[J]. 煤炭科学技术,2005,33(10):23-25.

[118] 唐建新,李来华,饶益信,等. 急倾斜煤层长壁回采工作面窜矸防治措施[J]. 矿业安全与环保,2002,29(3):36-38.

[119] 赵长红. 大倾角综采工作面安全回采实践[J]. 中州煤炭,2010(6):60-61.

[120] 刘少伟,张摇辉,张伟光,等. 沿顶掘进回采巷道上帮煤体失稳区域预测[J]. 煤炭学报,2010,35(9):1430-1434.

[121] 宋勇慧,宋树民,刘永恒. 大倾角复合破碎顶板工作面支架安装技术[J]. 能源技术与管理,2010(3):99-100.

[122] 吴存良,王宏图,陈邦春,等. 急倾斜软底综采工作面的安全防护技术[J]. 煤矿安全,2008(12):51-53.

[123] 卢运海,马文峰,范凯. 急倾斜三软煤层复合顶板综采工作面液压支架回撤技术研究[J]. 煤炭工程,2011(9):53-54.

[124] 杨胜利,张鹏,李福胜,等. 急倾斜厚煤层水平分层综放工作面支架载荷确定[J]. 煤炭科学技术,2010,38(11):37-40.

[125] 王琳. 急倾斜厚煤层综放设备配套技术研究[J]. 矿山机械,2009,37(1):15-17.

[126] Gao Baobin, Li Lin, Li Huigui. Experimental study on wide strip mining with similar simulation under deep-lying seams[J]. Progress in Environmental Protechtion

and Processing of Resource,2013(295):3318-3322.

[127] Cai Feng, Liu Zegong. Research on similar materials simulation test for protective coal-seams of group B coal-seams of Panyi Coal Mine of China[J]. Progress in environmental protechtion and processing of resource, 2012(204-208):1389-1394.

[128] Xing Pingwei, Song Xuanmin, Fu Yuping. Study on similar simulation of the roof strata movement laws of the large mining height workface in shallow coal seam [J]. Trends in building materials research, 2012(450-451):1318-1322.

[129] 张羽强.一种新型物理相似模拟试验架结构设计[D].西安:西安科技大学,2008.

[130] Navid Hosseini, Kazem Oraee, Kourosh Shahriar, et al. Studying the stress redistribution around the longwall mining panel using passive seismic velocity tomography and geostatistical estimation[J]. Arabian journal of geosciences, 2013(6):1407-1416.

[131] Monjezi M, Seyed Masoud Hesami, Manoj Khandelwal. Superiority of neural networks for pillar stress prediction in bord and pillar method[J]. Arabian journal of geosciences, 2011(4):845-853.

[132] Verma A K ,Saini M S,Singh T N,et al. Effect of excavation stages on stress and pore pressure changes for an underground nuclear repository[J]. Arabian journal of geosciences, 2013(6):635-645.

[133] Alber M,Fritschen R,Bischoff M,et al. Rock mechanical investigations of seismic events in a deep longwall coal mine [J]. International journal of rock mechanics

and mining sciences, 2009(46):408-420.

[134] Masoud Monjezi, Majid Rajabalizadeh Kashani, Mohammad Ataei. A comparative study between sequential Gaussian simulation and kriging method grade modeling in open-pit mining[J]. Arabian journal of geosciences, 2013(6):123-128.

[135] Avinash Paul,Singh A P, John Loui P,et al. Validation of RMR-based support design using roof bolts by numerical modeling for underground coal mine of Monnet Ispat, Raigarh, India-a case study[J]. Arabian journal of geosciences,2012(5):1435-1448.

[136] Torano J,Rodriguez R,Ramirez-Oyanguren P. Probabilistic analysis of subsidence-induced strains at the surface above steep seam mining[J]. International journal of rock mechanics and mining sciences, 2000, 37(7): 1161-1167

[137] Singh A K, Singh R,Sarkar M,et al. Inclined slicing of a thick coal seam in ascending order—A case study[J]. Cim bulletin,2002,95(1059):124-128.

[138] 刘士光.弹塑性力学基础理论[M].武汉:华中科技大学出版社,2008.

[139] 付宝连.弯曲薄板功的互等新理论[M].武汉:华中科技大学出版社,2008.

[140] 贺广零,黎都春,翟志文,等.采空区煤柱—顶板系统失稳的力学分析[J].煤炭学报,2007,32(9):897-901.

[141] 铁摩辛柯 S P.弹性稳定理论[M].张福范 J M,译.北京:科学出版社,1965.

[142] 刘鸿文.材料力学[M].第三版.北京:高等教育出版社,1992.

[143] 徐芝纶. 弹性力学[M]. 北京：高等教育出版社，2006.
[144] 布林克斯基 B A. 矿山岩层与地表移动[M]. 王金庆，洪镀，译. 北京：煤炭工业出版社，1989.
[145] 薛大为. 板壳理论[M]. 北京：北京工业学院出版社，1988.
[146] 刘鸿文. 板壳理论[M]. 杭州：浙江大学出版社，1987.
[147] 成祥生. 板壳理论[M]. 济南：山东科学技术出版社，1989.
[148] 钱鸣高，石平五. 矿山压力与岩层控制[M]. 徐州：中国矿业大学出版社，2003.
[149] 钱鸣高，缪协兴，何富连. 采场支架与围岩耦合作用机理研究[J]. 煤炭学报，1996，21(1)：40-44.
[150] 刘长友，钱鸣高，曹胜根，等. 采场直接顶的结构力学特性及其刚度[J]. 中国矿业大学学报，1997，26(2)：20-23.
[151] 华心祝. 综采放顶煤工作面支架工作阻力确定方法探讨[J]. 中国矿业，2004，13(11)：58-60.
[152] 吴关轩. 急倾斜工作面支架初撑力和工作阻力的确定[J]. 煤矿机电，1986(4)：2-4.
[153] 闫少宏，毛德兵，范韶刚. 综放工作面支架工作阻力确定的理论与应用[J]. 煤炭学报，2002，27(1)：64-67.
[154] 华亭矿务局东峡煤矿，西安科技学院. 华亭矿务局东峡煤矿大倾角特厚易燃煤层群“双大”开采方法研究[R]. 2001.
[155] 邹磊，来兴平，王宁波，等. 复杂地质条件下急斜厚煤层巷道变形特征[J]. 西安科技大学学报，2010，30(2)：145-149.
[156] 韩占冰. 大倾角煤层走向长壁综采工作面系统参数优化研究[D]. 西安：西安科技大学，2009.
[157] 朱衍利. 杜家村矿大倾角松软煤层综放开采矿压特征与

围岩控制[D].北京:中国矿业大学(北京),2012.

[158] 于健浩.急倾斜煤层充填开采方法及其围岩移动机理研究[D].北京:中国矿业大学(北京),2013.

[159] 张晓光.大倾角煤层走向长壁综采工作面系统可靠性研究[D].西安:西安科技大学,2009.

[160] 王家臣.极软厚煤层煤壁片帮与防治机理[J].煤炭学报,2007,32(8):785-788.

[161] 尹希文,闫少宏,安宇.大采高综采面煤壁片帮特征分析与应用[J].采矿与安全工程学报,2008,25(2):222-225.

[162] 杨波."三软"煤层大采高综采面煤壁片帮机理与控制研究[D].淮南:安徽理工大学,2012.

[163] 杨敬轩,刘长友,吴锋锋,等.煤层硬夹矸对大采高工作面煤壁稳定性影响机理研究[J].采矿与安全工程学报,2013,30(6):856-862.

[164] 刘鸿文.材料力学[M].北京:高等教育出版社,2004:140-147.

[165] 宋振骐,梁盛开,汤建泉,等.综采工作面煤壁片帮影响因素研究[J].湖南科技大学学报,2011,26(1):1-4.

[166] 方新秋,何杰,李海潮.软煤综放面煤壁片帮机理及防治研究[J].中国矿业大学学报,2009,38(5):640-644.